ÉTUDE SUR LA CULTURE

DES

MICRO-ORGANISMES

ANAÉROBIES

PAR LE

D' Albert FOUREUR

PRÉPARATEUR A LA FACULTÉ DE MÉDECINE DE PARIS
MÉDECIN STAGIAIRE AU VAL-DE-GRACE

AVEC 25 FIGURES DANS LE TEXTE

PARIS

OCTAVE DOIN, ÉDITEUR

8, PLACE DE L'ODÉON, 8

1889

ÉTUDE SUR LA CULTURE

DES

MICRO-ORGANISMES

ANAÉROBIES

ÉTUDE SUR LA CULTURE

DES

MICRO-ORGANISMES

ANAÉROBIES

PAR LE

Dr Albert FOUREUR

PRÉPARATEUR A LA FACULTÉ DE MÉDECINE DE PARIS
MÉDECIN STAGIAIRE AU VAL-DE-GRACE.

AVEC 25 FIGURES DANS LE TEXTE

PARIS

OCTAVE DOIN, ÉDITEUR

8, PLACE DE L'ODÉON, 8

1889

AVANT-PROPOS

M. R. Wurtz et moi avons publié récemment
un nouveau procédé de culture des microbes
anaérobies (1). C'est ce procédé que j'expose en
détail dans cette thèse. J'ai fait précéder cette partie
originale de mon travail d'un exposé aussi complet
que possible de la technique des micro-organismes
anaérobies, travail d'ensemble qui n'a pas encore
été fait jusqu'ici et qui, je l'espère, comblera
utilement une lacune qui existe dans la littérature.

M. le professeur Straus, qui a bien voulu nous
admettre à l'honneur de travailler à ses côtés,
comme externe et ensuite comme préparateur à son
laboratoire de la Faculté, nous a donné des preuves
réitérées de son extrême bonté. Ses encouragements,
ses conseils de chaque instant ont guidé nos premiers
pas dans l'étude de la Bactériologie. Nous sommes
bien heureux de lui renouveler ici les sentiments de

---

(1) WURTZ et A. FOUREUR. — Note sur un procédé facile de
culture des micro-organismes anaérobies. (*Archives de médecine
expérimentale et d'anatomie pathologique*, 1889, n° 4, p. 523.)

profonde affection et de reconnaissance qui sont gravés à jamais dans notre cœur.

Il nous est doux de pouvoir adresser le témoignage de notre profonde gratitude à M. le professeur agrégé Blanchard qui, au Lycée d'abord, puis à l'École de Médecine, se montra à la fois pour nous un ami et un maître.

M. le Dr Budin nous autorisera aussi à le remercier de la façon bienveillante avec laquelle il nous a accueilli dans sa clinique d'accouchement à l'hôpital de la Charité.

M. le Dr Humbert dont nous avons été l'externe à l'hôpital du Midi, a été un maître dont les entretiens familiers au lit du malade, seront pour nous, dans la carrière militaire, du plus précieux enseignement.

Notre maître et ami le Dr R. Wurtz nous permettra, ici, de lui dire combien nous lui sommes reconnaissant des excellents conseils qu'il nous a donnés pendant ces trois dernières années, comme interne, puis comme chef de Laboratoire de M. le professeur Straus. Nous avons toujours été certain de trouver, à toute heure, auprès de lui, assistance et obligeance.

CHAPITRE IER

HISTORIQUE

A la fin du siècle dernier, les immortelles recherches de Lavoisier ont montré le rôle prépondérant que joue l'oxygène dans les phénomènes d'assimilation et de désassimilation de la vie, dans la respiration et dans l'entretien de la chaleur animale.

Quelques années après Lavoisier, Priestley fit une découverte d'une importance analogue : il trouva que les parties vertes des plantes dégagent de l'oxygène. Déjà en 1750, Bonnet avait observé que des feuilles exposées au soleil, dans un vase rempli d'eau de source, en dégageaient un gaz. (*Mémoire sur l'usage des feuilles dans les plantes.*) Cette première observation, toutefois, avait passé inaperçue, et c'est à Priestley que revient la gloire d'avoir nettement établi la nature de ce gaz et d'avoir montré que l'air vicié par la respiration des animaux ou par la combustion est ramené à son état de pureté primitive par la végétation. (*Expériences sur diverses espèces d'air*, t. VI.)

Il faut reconnaître cependant que Priestley n'était pas maître de sa remarquable expérience, et il faut arriver jusqu'à Ingenhousz pour voir la question faire un pas décisif. (*Expériences sur les végétaux*, 1781.) C'est à ce célèbre observateur qu'on doit la démonstration de l'influence de la lumière dans la réalisation du phénomène. Il prouva par de nombreuses observations que les feuilles n'exhalent de l'oxygène que lorsqu'elles sont exposées au soleil.

Perceval et Sennebier indiquèrent bientôt après la source de cet oxygène : il vient de l'acide carbonique, habituellement tenu en dissolution dans l'eau, ou encore répandu dans l'air ; et c'est grâce à cette réaction que se maintient un équilibre à peu près absolu entre les proportions des différents principes gazeux de l'atmosphère. Ce fait fondamental fut confirmé plus encore par les belles recherches de de Saussure, Boussingault, Corenwinder, Cloëz et Gratiolet. Ils indiquèrent le mode d'assimilation des différents corps simples, carbone, azote, hydrogène, qui servent à la vie des végétaux supérieurs. Le principe fondamental de Priestley, établissant la loi de la respiration des plantes à chlorophylle était donc universellement admis.

Les notions que l'on possédait à la même époque, il y a cinquante ans environ, sur la physiologie des végétaux inférieurs, étaient loin d'être aussi complètes. Elles étaient de moins en moins précises, à mesure que l'on descendait plus bas dans l'échelle du règne végétal. Malgré les travaux de classification et de description morphologique d'Ehrenberg, une obscurité presque absolue (1840) régnait encore sur la nature véritable des êtres microscopiques, en particulier sur ceux que contiennent les infusions végétales. C'étaient elles qui servaient presque exclusivement aux expérimentateurs du siècle dernier dans leurs discussions sur la génération spontanée. Depuis Leeuwenhoek, en passant par Spallanzani, Needham, Buffon, Schulze, etc., les « animalcules microscopiques », les « germes » étaient indifféremment placés dans le règne animal ou dans le règne végétal. Leur existence, leur rôle dans la putréfaction et dans la fermentation étaient méconnus et ignorés. Gay-Lussac lui-même crut démontrer dans un travail célèbre que c'était à l'oxygène que revenait la part prépondérante et exclusive dans ces différents phénomènes (1).

Il faut arriver au mémoire fameux de Cagniard-Latour sur la fermentation vineuse pour voir affirmer, non sans quelques réserves, la nature végétale de la levure de bière. Schwann, dans les expériences analogues qu'il avait instituées à cette même époque, arrivait aussi à cette conclusion : « que la fermentation alcoolique est peut-être due à la décomposition du sucre sous l'influence du développement d'infusoires ou d'une plante. » Il est donc probable, ajoute-t-il plus loin, « qu'il s'agit d'une plante ». Quant aux conditions de la vie de cette plante, Schwann ne les séparait pas de la présence de l'oxygène de l'air : « dans la fermentation alcoolique, comme dans la putréfaction, ce n'est pas l'oxygène qui intervient dans l'action exercée par *l'air atmosphérique,* ou du moins ce n'est pas *l'oxygène à lui tout seul,* mais une substance contenue dans l'air atmosphérique.

(1) Chargé de l'examen des procédés de conserves Appert, qui n'étaient que l'application industrielle des expériences de Needham et de Spallanzani sur les générations dites spontanées, Gay-Lussac s'exprime ainsi : « On peut se convaincre en analysant l'air des bouteilles dans lesquelles les substances ont été bien conservées, qu'il ne contient plus d'oxygène, et que l'absence de ce gaz est, par conséquent, une condition nécessaire pour la conservation des substances animales et végétales. »

Plus tard, en 1854, Schröder et von Dusch, dans leurs expériences sur la putréfaction, admettaient deux sortes de décomposition des matières organiques : « l'une n'a besoin pour commencer que *de la présence de l'oxygène de l'air* (la putréfaction de la viande, de la caséine, du lait); mais à côté, il y a d'autres phénomènes de putréfaction et de fermentation qui exigent, pour commencer, *outre l'oxygène*, ces choses inconnues mêlées à l'air atmosphérique, qui sont détruites par la chaleur dans les expériences de Schvann, et d'après les nôtres, par la filtration à travers le coton. »

On voit, d'après ces citations (1), que pour tous les savants qui soutenaient avec raison la théorie vitaliste de la fermentation et de la putréfaction, l'idée de *vie* était inséparablement liée à la présence de l'oxygène de l'air; tant était grande l'influence de l'immortelle découverte de Lavoisier! Ce n'était plus l'oxygène, comme le voulait Gay-Lussac qui causait à lui seul la putréfaction; mais néanmoins la présence de cet oxygène était indispensable à la production de ce phénomène.

Ainsi donc, pour les infiniment petits, aussi bien que pour les végétaux à chlorophylle, l'oxygène, il y a trente ans, passait pour être une condition essentielle de vie et de multiplication. Mais ce principe, universellement admis, était erroné.

En 1861, M. Pasteur en étudiant le vibrion de la fermentation butyrique et celui du lactate de chaux, démontra *l'existence d'organismes inférieurs pouvant vivre et se mul-*

(1) Consulter à ce sujet : *Straus*, De la génération spontanée, *Archives de médecine expérimentale*, 1889, n⁰⁸ 1 et 2.

tiplier sans oxygène libre. Comment M. Pasteur fut-il conduit à cette conclusion, qui constitue sans nul doute une des plus grandes découvertes biologiques du siècle? Nous citerons textuellement les deux faits d'observation, qui, dit-il, « ont fait surgir dans mon esprit, et l'idée de la probabilité de la vie sans air et l'idée que les vibrions que je rencontrais dans mes fermentations lactiques devaient être le véritable ferment butyrique. »

« Une observation des plus simples prouve l'influence *mortelle* de l'air atmosphérique sur les vibrions. Par le mode d'examen au microscope, à l'aide d'une lentille creuse, nous avons reconnu combien étaient remarquables et faciles à mettre en évidence les mouvements des vibrions quand on les prive absolument du contact de l'air. Répétons cette observation, en même temps que, sur le même liquide, on fera l'examen microscopique à la manière ordinaire, c'est-à-dire en déposant une goutte de liquide sur une lame de verre qu'on recouvre ensuite d'une petite lamelle, toutes manipulations qui placent forcément la goutte de liquide en contact avec l'air, ne fût-ce qu'un instant très court. On sera aussitôt surpris de la grande différence d'intensité des mouvements des vibrions observés dans la lentille de verre et sous la lamelle. Bien plus, sous la lamelle, on voit promptement cesser tout mouvement sur les bords, là où la goutte de liquide subit l'action de l'air, tandis que les mouvements se conservent au centre d'autant plus longtemps qu'il y a plus de vibrions pour absorber une plus grande quantité d'air sur les bords. Il ne faut même pas une grande habitude de ces observations pour reconnaître manifestement que, dans les premiers instants, après que la lamelle a été déposée et que la totalité de la goutte vient d'être touchée plus ou moins dans toutes ses parties par l'air atmosphérique, les vibrions sont très languissants, certainement malades (je ne vois pas d'autre expression pour rendre ce qu'on observe) et que, peu à peu, ils reprennent plus d'agilité vers le centre, au fur et à mesure qu'ils rentrent dans une portion du milieu mieux dépouillée d'oxygène.

« Rien de plus curieux qu'une observation corrélative et inverse de celle-ci, à laquelle donnent lieu les bactéries aérobies ordinaires. Place-t-on une goutte de liquide, pleine de ces bactéries, sur le porte-objet du microscope, on ne tarde pas à voir toutes les bactéries sans mouvement dans les régions du centre de la lamelle, où l'oxygène disparaît promptement par suite de la vie même des bactéries qui s'y trouvent. Au contraire, le mouvement est extraordinaire sur tout le pourtour de la lamelle, parce que l'air y arrive constamment. Malgré la mort prompte des bactéries au centre de la lamelle, on voit la vie se prolonger dans cette région si le hasard y a enfermé une bulle d'air. Tout autour de cette bulle viennent se grouper en une couronne épaisse et grouillante une foule de bactéries qui tombent sans vie apparente et se dispersent sous l'action des mouvements du liquide, dès que tout l'oxygène de la bulle a été absorbé (1). »

Le génie de M. Pasteur sut déduire de cette double observation, la découverte fondamentale de la vie sans air.

C'est dans une série de mémoires et de notes publiés aux comptes rendus de l'Académie des sciences, qu'il dé-

(1) *Études sur la bière et la fermentation,* 1876, p. 293-295.

veloppa la suite de ses expériences dont l'harmonieuse succession et la haute portée philosophique excitent à juste titre l'admiration.

Nous citerons presque intégralement les principaux passages de ces mémoires que l'on ne saurait trop bien connaître, ni trop relire.

En 1861, étudiant la fermentation butyrique et guidé par sa science de chimiste doublé d'un micrographe de premier ordre, M. Pasteur arrive à cette conclusion que le ferment butryique est un infusoire :

« J'étais bien éloigné de m'attendre à ce résultat, à tel point que pendant longtemps j'ai cru devoir appliquer mes efforts à écarter l'apparition de ces petits animaux, par la crainte où j'étais qu'ils ne se nourrissent du ferment végétal que je supposais être le ferment butyrique et que je cherchais à découvrir dans les milieux liquides que j'employais. Mais n'arrivant pas à saisir la cause de l'origine de l'acide butyrique, je finis par être frappé de la coïncidence que mes analyses me montraient inévitable, entre cet acide et les infusoires, et inversement entre les infusoires et la production de cet acide, circonstance que j'avais attribuée jusque-là à l'utilité ou à la convenance que l'acide butyrique offrait à la vie de ces animalcules. »

Plus loin il ajoute : « L'existence d'infusoires possédant le caractère des ferments est déjà un fait qui semble bien digne d'attention ; mais une particularité singulière qui l'accompagne, c'est que ces animalcules infusoires vivent et se multiplient à l'infini sans qu'il soit nécessaire de leur fournir la plus petite quantité d'air ou d'oxygène libre. »

Il arrive à cette double proposition :

1° *Le ferment butyrique est un infusoire ;*
2° *Cet infusoire vit sans gaz oxygène libre.*

« C'est, je crois, le premier exemple connu de ferments animaux, et aussi d'animaux vivant sans gaz oxygène libre. » (1)

Dans une seconde note (2), M. Pasteur se demande comment agissent les êtres organisés dans la fermentation : « Je viens de rappeler que j'avais trouvé que le ferment butyrique est un être organisé du genre vibrion. Si l'on étudie, comme je l'ai fait par des expériences directes, le mode de vie des vibrions décrits jusqu'à ce jour par les naturalistes, on reconnaît qu'ils enlèvent à l'air atmosphérique des quantités considérables de gaz oxygène et qu'ils dégagent de l'acide carbonique. Il en est de même, d'après mes expériences, des mucédinées, des bombacées, des mucors. Ces petites plantes ne peuvent pas plus se passer de gaz oxygène que les animalcules infusoires ordinaires ; ces plantes n'ont pas le caractère ferment, c'est-à-dire que les phénomènes chimiques qu'elles déterminent dans leurs aliments sont de l'ordre des phénomènes de nutrition, où le poids de l'aliment assimilé correspond au poids des tissus transformés par son influence. *Les choses se passent bien différemment pour le vibrion de la fermentation butyrique.* Car j'ai constaté que ce vibrion, d'une part vivait sans gaz oxygène libre, et d'autre part était ferment. *Que le progrès de la science, en ce qui touche la*

(1) Pasteur, *Comptes rendus de l'Académie des Sciences,* 1861, p. 346, t. LII.

(2) *Comptes rendus de l'Académie des Sciences,* p. 1260, t. LII, 1861.

*limite des deux règnes, fasse de ce vibrion une plante ou
un animal, peu importe présentement :* vivre sans air et
être ferment sont deux propriétés qui le séparent de tous
les êtres inférieurs ordinaires des deux règnes.

« Le rapprochement de ces faits conduit à se demander
s'il n'existe pas une relation cachée entre la propriété
d'être ferment et la faculté de vivre sans l'intervention de
l'air atmosphérique, puisque nous voyons le caractère
ferment exister chez le vibrion butyrique qui vit sans gaz
oxygène, tandis que ce même caractère est absent chez
les vibrions et les mucorées ordinaires, où la vie n'est
pas possible en l'absence de ce gaz. »

Montrant ensuite que la levure de bière peut, ou se
développer sans gaz oxygène libre, et devenir ainsi ferment, ou se développer en assimilant du gaz oxygène
libre, et perdre son caractère ferment, se résume ainsi :

« A côté de tous les êtres connus jusqu'à ce jour, et qui,
sans exception (au moins on le croit), ne peuvent res-
pirer et se nourrir qu'en assimilant du gaz oxygène libre,
il y aurait une classe d'êtres dont la respiration serait
assez active pour qu'ils puissent vivre hors de l'influence
de l'air en s'emparant de l'oxygène de certaines combi-
naisons d'où résulterait pour celles-ci une décomposition
lente et progressive. Cette deuxième classe d'êtres organisés serait constituée par les ferments. »

Deux ans plus tard, M. Pasteur apportait de nouvelles
preuves de la vie sans air, par l'exemple de la fermentation de tartrate de chaux (1), et démontrait qu'il n'y a nul
besoin de recourir à des artifices pour priver les liqueurs

______

(1) *Comptes rendus de l'Académie des Sciences*, 1863, p. 416, t. LVI.

du gaz oxygène, la soustraction de ce gaz se faisant par la nature même des choses, avant que la fermentation commence, dans tous les cas de fermentation spontanée.

« Rien n'est plus simple, dit-il, ni plus facile à concevoir. Voici, en effet, ce que l'on observe dans tous les cas : Les plus petits des infusoires, le *monas*, le *bacterium termo*..., se développent dans cette eau distillée aérée, parce qu'elle renferme en dissolution des traces d'ammoniaque, de phosphate et de tartrate de chaux, et ces petits êtres lui enlèvent intégralement, avec une rapidité incroyable, jusqu'aux dernières proportions, le gaz oxygène qu'elle renferme, en le remplaçant par un volume un peu supérieur de gaz acide carbonique. Cet effet s'accomplit dans l'espace de vingt-quatre à trente-six heures au plus, à la température de 25 à 30°. Alors seulement apparaissent les infusoires ferments qui n'ont pas besoin de gaz oxygène pour vivre. A cette question, par conséquent, comment peuvent prendre naissance des êtres qui vivent sans gaz oxygène, et que l'air fait périr? la réponse est naturelle. Ils naissent à la suite d'une première génération d'êtres qui détruisent en peu de temps des quantités relativement considérables de gaz oxygène et en privent absolument les liqueurs.

« Dès aujourd'hui, on peut affirmer que l'on rencontre deux genres de vie parmi les êtres inférieurs, l'un qui exige la présence du gaz oxygène libre, l'autre qui s'effectue en dehors du contact de ce gaz et que le caractère ferment accompagne toujours.

« J'espère démontrer, en effet, dans une prochaine communication, que les animalcules infusoires, vivant sans gaz oxygène libre, sont les ferments de la putréfaction, quand cet acte s'effectue à l'abri de l'air, et que ce sont aussi les ferments de la putréfaction au contact de l'air, mais alors associés à des infusoires ou à des mucors qui consomment de l'oxygène libre, et qui remplissent le double rôle d'agents de combustion pour la matière organique, et d'agents préservateurs de l'action directe de l'oxygène de l'air pour les infusoires ferments. »

En effet, quelques mois plus tard, M. Pasteur examinait le rôle attribué au gaz oxygène atmosphérique dans la destruction des matières animales et végétales après la mort (1). Voici le début de ce mémoire, dont l'élévation et la beauté n'échapperont à personne :

« La fermentation, la putréfaction et la combustion lente sont les trois phénomènes naturels qui concourent à l'accomplissement de ce grand fait de destruction de la matière organisée, condition nécessaire de la perpétuité de la vie à la surface du globe.

Je vais essayer d'établir aujourd'hui expérimentalement que les combustions lentes dont les matières organiques sont le siège, lorsqu'elles sont exposées au contact de l'air, ont également, dans la plupart des cas, une étroite liaison avec la présence des êtres inférieurs. Nous arriverons ainsi à cette conséquence générale, que la vie préside au travail de la mort dans toutes ses phases, et que les trois termes, dont je parlais tout à l'heure, de ce retour perpétuel à l'air de l'atmosphère et au règne minéral des principes que les végétaux et les animaux en ont empruntés, sont des actes corrélatifs du développement et de la multiplication d'êtres organisés. »

M. Pasteur démontre alors que les différents liquides de

---

(1) *Comptes rendus de l'Académie des Sciences*, t. LVI, 1863, p. 183.

2

l'organisme, prélevés avec pureté, ne subissent pas la putréfaction. L'importance capitale de cette expérience, faite à peu près à la même époque par Van den Broek, n'échappa pas au génie du chimiste français : « Ce qui est digne de remarque, et c'est précisément le fait principal sur lequel je désire aujourd'hui appeler l'attention de l'Académie, la combustion lente des matières organiques après la mort, quoique réelle, est à peine sensible lorsque l'air est privé de germes des organismes inférieurs. Elle devient rapide, considérable, sans comparaison avec ce qu'elle est dans le premier cas, si les matières organiques peuvent se couvrir de mucédinées, de mucors, de bactéries, de monades. Ces petits êtres sont des agents de combustion dont l'énergie, variable avec leur nature spécifique, est quelquefois extraordinaire, témoin l'exemple saisissant de la combustion de l'alcool, de l'acide acétique, du sucre, par les mycodermes que j'ai fait connaître, il y a une année, à l'Académie.

« Les principes immédiats des corps vivants seraient, en quelque sorte indestructibles, si l'on supprimait de l'ensemble des êtres que Dieu a créés les plus petits, les plus inutiles en apparence. Et la vie deviendrait impossible, parce que le retour à l'atmosphère et au règne minéral de tout ce qui a cessé de vivre serait tout à coup suspendu.

« La conséquence la plus générale de mes expériences est fort simple, c'est que la putréfaction est déterminée par des ferments organisés du genre vibrion (1).

« Le contact de l'air n'est aucunement nécessaire au développement de la putréfaction. Bien au contraire, si

---

(1) *Comptes rendus de l'Académie des Sciences*, t. LVI, 1863, p. 118.

l'oxygène dissous dans un liquide putrescible n'était pas, tout d'abord, soustrait par l'action d'êtres spéciaux, la putréfaction n'aurait pas lieu. L'oxygène ferait périr les vibrions qui tenteraient de se développer à l'origine. »

M. Pasteur part donc de cette série d'expériences pour déduire le fait suivant : Les micro-organismes peuvent se diviser en deux grandes classes : Les uns, *les aérobies*, incapables de vivre en dehors de la présence du gaz oxygène libre; les autres, *anaérobies,* pouvant se multiplier à l'infini en dehors du contact de ce gaz. Appliquant ce principe à l'étude de la putréfaction, il ajoutait :

« J'ai prouvé récemment que le corps des animaux est fermé, dans les cas ordinaires, à l'introduction des germes des êtres inférieurs; par conséquent, la putréfaction s'établira d'abord à la surface, puis elle gagnera peu à peu l'intérieur de la masse solide.

« En ce qui concerne un animal entier abandonné après la mort, soit au contact, soit à l'abri de l'air, toute la surface de son corps est couverte de poussières que l'air charrie, c'est-à-dire des germes d'organismes inférieurs. Son canal intestinal, là surtout où se forment les matières fécales, est rempli, non plus seulement de germes, mais de vibrions tout développés que Leeuwenhoek avait déjà aperçus. Ces vibrions ont une grande avance sur les germes de la surface du corps. Ils sont à l'état d'individus adultes, privés d'air, baignés de liquide, en voie de multiplication et de fonctionnement. C'est par eux que commencera la putréfaction du corps, qui n'a été préservé jusque-là que par la vie et la nutrition des organes. Telle est, dans les divers cas, la marche de la putréfaction. »

Ainsi donc, M. Pasteur, dès 1861, par l'étude de la fermentation butyrique, de la fermentation du tartrate de chaux et par celle de la putréfaction, avait établi d'une façon irréfutable l'existence, pour certains micro organismes, d'une vie sans air. Ces expériences, chose curieuse, ne furent contestées que dix ans après qu'elles avaient vu le jour. Ce ne fut qu'en 1873 qu'un certain nombre de savants étrangers Traube, Brefeld, Gunning, mirent en doute l'exactitude des vues de M. Pasteur. Il s'engagea entre ces chimistes et le savant français une discussion dont nous rapporterons les principales phases.

Ce ne fut point au sujet du ferment butyrique, ni de la théorie de la putréfaction, mais au sujet de la fermentation alcoolique, que les adversaires de M. Pasteur contestèrent la valeur de ses expériences et la rigueur de ses déductions. Pour M. Pasteur, la théorie de la fermentation pouvait se réduire à cette forme concise : la fermentation est la conséquence de la vie sans air. Si cette affirmation n'était pas rigoureuse, et si les cellules de levure, pour s'accroître, avaient besoin de gaz oxygène libre ou dissous dans les liquides, la théorie qu'il avait donnée perdait toute autorité.

Pour ruiner cette théorie, M. Brefeld, dans un mémoire lu à la Société physico-chimique de Wurzbourg, institua des expériences dont la conclusion était la suivante : « Des expériences que je viens de décrire, dit-il, il résulte, sans aucun doute, que la levure ne peut pas s'accroître sans oxygène libre. L'hypothèse de Pasteur que la levure, contrairement à tous les autres organismes vivants, peut vivre et s'accroître aux dépens d'oxygène combiné, manque, par conséquent, de tout fondement effectif, de toute base expérimentale. Comme en outre, d'après la théorie de Pasteur, c'est précisément sur la propriété de la levure de pouvoir vivre et s'accroître aux dépens d'oxygène combiné que repose le phénomène de la fermentation, il en résulte que toute la théorie qui jouit d'un acquiescement si général est devenue insoutenable; elle est tout simplement inexacte ».

Brefeld suivait au microscope le développement d'une ou plusieurs cellules de levure dans du moût de bière, dans une chambre privée des plus petites traces d'oxygène libre, et contenant une atmosphère d'acide carbonique. Mais, comme le fait remarquer M. Pasteur, l'accroissement de la levure, en dehors du contact de l'air, n'est possible que pour une levure très jeune, et M. Brefeld avait opéré sur de la levure de brasserie après fermentation, ce qui avait été la cause de l'insuccès de ses cultures.

M. Pasteur avait démontré, en effet, depuis longtemps, combien était énergique et facile la végétation de la levure en présence du gaz oxygène libre, et il avait montré le rôle considérable qu'avait dans la fermentation la très petite quantité de gaz oxygène dissous dans les liquides de fermentation au début de la fermentation. C'est cet oxygène qui rajeunit les cellules du levain, et qui leur permet de reprendre la faculté de bourgeonner et de poursuivre leur vie et leur multiplication à l'abri de l'air.

M. Traube reprenant les expériences de M. Pasteur sur la fermentation, les confirme, en prouvant par de nouvelles recherches que la levure peut vivre et se multiplier sans l'intervention du gaz oxygène. Mais tout en constatant la vie de la levure sans air, M. Traube trouva qu'elle est très pénible dans ces conditions. Il en déduisit, sans

plus approfondir la cause de ses insuccès partiels, que
« la conclusion de Pasteur que la levure en l'absence de
l'air peut prendre au sucre l'oxygène nécessaire à son
développement est erronée, car son accroissement s'ar-
rête même quand la plus grande partie du sucre est
encore indécomposée. Ce sont les corps albumineux
mélangés que la levure, à l'abri de l'air, emploie à son
développement ».

M. Pasteur répondit à cet argument en faisant fer-
menter le tartrate de chaux et le lactate de chaux dans un
milieu entièrement minéral.

Ni Brefeld, ni Traube ne s'étaient occupés de contrôler,
soit par l'étude de la putréfaction, soit par celle de la fermentation butyrique, l'exactitude de la théorie de la vie
sans air.

Gunning (1), chimiste hollandais, mit en doute la possi-
bilité de ce phénomène biologique, en s'appuyant sur l'ex-
périmentation. Il prétendait qu'aucun des milieux soi-
disant privés d'oxygène par l'ébullition, n'est pas sans
contenir une quantité assez notable de ce gaz. Il montra
que l'ébullition était insuffisante à purger les nombreux
liquides de gaz oxygène libre, à l'aide des réactifs. Ces
réactifs sont assez nombreux : réactif de Schutzenberger,
acide pyrogallique, etc.

Voici comment procédait Gunning. Il employait comme
milieu putrescible des pois, de la viande, du bouillon, ou
une solution de levure bouillie, dont il remplissait des
ballons à demi, puis scellait à la lampe. Dans d'autres
ballons contenant un milieu absorbant l'oxygène (suc de

____

(1) *Journal für praktische Chemie,* 1878, Bd 17, p. 266.

raisin, lessive de soude et indigo), il mettait les mêmes matières et observa qu'il n'y avait pas de putréfaction pour le bouillon et la levure, mais que les pois et l'eau albumineuse avaient subi une fermentation. Les pois avaient dégagé du gaz, ce que Gunning expliquait en disant qu'il était resté de l'oxygène derrière l'enveloppe du pois.

Si, dans ces solutions non aérées, on faisait rentrer de l'air, même privé de germes, il y avait fermentation, ce n'est que lorsque la privation d'air avait été trop longue, que la rentrée de l'air était impuissante à provoquer la putréfaction. Gunning pensait que c'était le manque d'air qui avait tué les organismes de la putréfaction.

Il est facile de voir l'inanité des conclusions de Gunning qui n'opérait pas sur des organismes anaérobies. On sait, en effet, que la putréfaction peut être aérobie ou anaérobie, suivant les circonstances qui favorisent la vie des aérobies ou des anaérobies (1). Gunning tuait les germes aérobies qui avaient présidé à la fermentation de ses milieux en les privant d'air. Les ballons qui restaient stériles l'étaient à la mode des conserves Appert, seulement au lieu de chasser l'air par ébullition, il l'avait absorbé par l'indigo blanc.

Les conclusions de Gunning ne tardèrent pas à être

(1) Voici une expérience inédite de M. R. Wurtz qui montre ce fait d'une façon assez simple : on étrangle en même temps deux cobayes, dont l'un est exposé à l'air à + 15° et l'autre placé dans une cloche dans laquelle on fait le vide à la même température. Au bout de 24 heures déjà, le cobaye placé sous la cloche exhale une odeur infecte, le ventre est ballonné et le péritoine rempli de sérosité; les muscles sont d'un rouge noir, et l'examen microscopique montre la présence de vibrions septiques en grande quantité. Le cobaye exposé à l'air n'exhale aucune odeur, et à l'autopsie ne montre aucun signe de putréfaction.

renversées par les expériences de Nencki, et la théorie
de M. Pasteur fut universellement adoptée. M. Traube.
revenant sur son erreur passée, proclama la découverte
de M. Pasteur admirable et d'une importance biologique
signalée.

Un peu plus tard la découverte du vibrion septique par
MM. Pasteur, Joubert et Chamberland, celle du charbon
symptomatique par MM. Arloing, Cornevin et Thomas
montrèrent que la vie sans air était propre à des espèces
pathogènes. Cette confirmation donnait un intérêt capital
à la question dont nous venons de tracer l'historique. On
peut dire que, dans cette question d'une importance si
considérable en biologie générale, *celle des rapports de la
vie avec l'oxygène*, trois grands noms dominent la scène,
ceux de Lavoisier, de Priestley et de Pasteur. Lavoisier
avait émis l'axiome, qui pendant près de quatre-vingts ans,
régna incontesté : *omne vivum ex oxygenio*. M. Pasteur
montra qu'à cette règle étendue aux végétaux par Priestley,
il y avait une exception. Il montra que l'oxygène de l'air,
l'oxygène *à l'état libre*, n'est pas une condition indispensable de vie pour certaines espèces végétales inférieures.
Cette exception donnait la clef des phénomènes vitaux
les plus obscurs et les plus mal connus; elle expliquait
les fermentations et les putréfactions, dont il sut dis-
cerner, élucider et démontrer les causes premières.

CHAPITRE II

DESCRIPTION

DES DIFFÉRENTS PROCÉDÉS DE CULTURE
DES MICRO-ORGANISMES ANAÉROBIES

Nous allons maintenant passer en revue les différents procédés qui ont été employés jusqu'à ce jour pour la culture des micro-organismes anaérobies. Nous suivrons l'ordre chronologique, qui est en même temps l'ordre rationnel, vu les perfectionnements apportés successivement par les différents auteurs aux méthodes imaginées avant eux.

Procédé de Pasteur. — C'est à M. Pasteur qu'on doit le premier procédé de culture des microbes anaérobies, pour démontrer la fermentation du tartrate de chaux.

« On remplit, dit-il (1), un ballon de liquide nutritif, de la forme ci-jointe (*fig.* 1), de 6 litres, reposant sur un foyer. La capsule où plonge la tubulure recourbée du ballon, capsule reposant également sur un foyer, est rem-

(1) Pasteur, *Études sur la bière*, p. 283.

plie du même liquide. On porte simultanément à l'ébullition le liquide du ballon et celui de la capsule, et l'on
maintient l'ébullition pendant plus d'une demi-heure afin
de chasser tout l'air dissous. Le liquide sort et rentre à
diverses reprises dans le ballon, chassé par la vapeur;
mais la portion qui rentre est toujours à l'ébullition.

« Le lendemain, après le refroidissement, on transporte

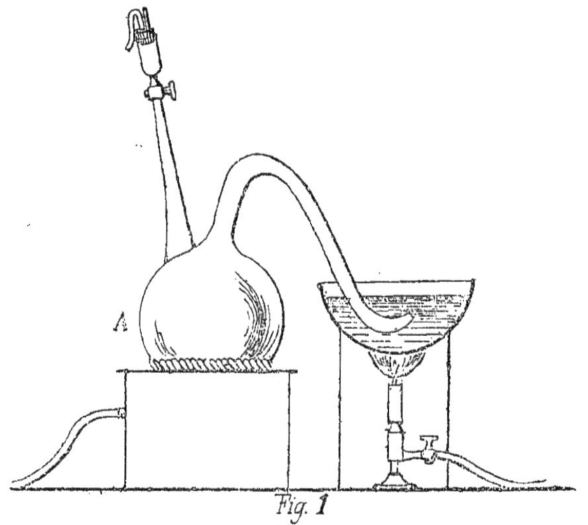

Fig. 1

l'extrémité du tube abducteur dans un vase plein de mercure, et tout l'appareil est mis à l'étuve à une température
de 25 à 30°; puis après avoir rempli de gaz acide carbonique ce petit entonnoir cylindrique qui surmonte le
robinet, on y fait passer, avec les précautions voulues,
dix centimètres cubes d'un liquide composé comme le
précédent, mais rempli de vibrions. On tourne alors la
clef du robinet placé au bas de l'entonnoir, en ne laissant
dans ce dernier qu'une petite quantité de liquide, propre à
garantir davantage l'accès de l'air. La mise en levain se

trouve ainsi pratiquée sans que le liquide fermentescible ni le levain n'aient été en rapport avec l'air extérieur. »

En déterminant par la méthode de M. Schützenberger, à l'aide de l'hydrosulfite de soude, la quantité d'oxygène qui reste dissoute dans le liquide, après qu'il a été refroidi, M. Pasteur a trouvé que les 3 litres de liquide du ballon contenaient moins de 1 milligramme d'oxygène.

Procédé de MM. Pasteur, Joubert et Chamberland. — Ces auteurs employaient, pour cultiver le vibrion septique, un tube à deux branches T (*fig.* 2) auquel est soudé un tube de verre étranglé en A et pourvu d'un petit tampon de coton. Chacune des branches porte latéralement un petit tube effilé *d*. Le tube est ainsi stérilisé dans le four à flamber. Dans une des branches on fait entrer le liquide nutritif pur et préalablement ensemencé, en plongeant l'effilure ouverte dans le tube qui la contient et en aspirant par le tube A, puis on ferme l'effilure à la lampe, et on aspire de même dans la seconde branche le bouillon de culture non ensemencé. Le tube A est ensuite relié à une machine pneumatique à mercure, et on fait le vide. Au moyen d'une petite flamme de gaz, appliquée avec précaution, on détermine l'ébullition, à basse température du liquide dans les deux branches, pour bien chasser tout l'air. Les bulles produites viennent crever sur la paroi du tube légèrement chauffé dans sa partie supérieure : les projections d'une branche dans l'autre sont ainsi évitées. Avec un jet de gaz, on sépare le tube de la machine en fondant le verre en A, dans la partie étranglée. L'appareil est porté à l'étuve; le développement se fait dans la branche ensemencée, le liquide restant limpide dans l'autre

branche, si l'on a bien opéré. Pour avoir une seconde
culture, il suffit d'incliner le tube de façon qu'une trace
de la culture passe dans la branche non ensemencée.

Il est très facile d'obtenir ainsi des cultures du vibrion

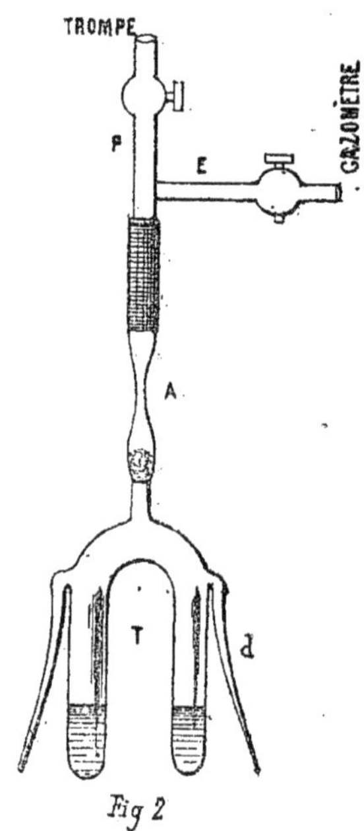

Fig 2

butyrique, du vibrion septique, du bacille du charbon symptomatique dans le bouillon de veau ordinaire.

L'usage de la pompe à mercure peut paraître une diffi-
culté ; il n'est pas indispensable, et tout appareil d'aspiration remplacera parfaitement la machine à mercure. La
trompe à eau, peu coûteuse, facile à installer, convient très
bien ; toutefois, comme il n'est pas possible avec une
trompe à eau de faire le vide aussi bien qu'avec la pompe
à mercure, il faut remplir le tube d'un gaz inerte et le vider
à plusieurs reprises.

Le tube sera donc rattaché par un caoutchouc épais à un tube en T qui communique par sa branche F avec la trompe, et par sa branche E avec un gazomètre contenant de l'acide carbonique ou de l'hydrogène parfaitement privé d'air. Lorsque le vide est fait, on ferme le robinet F et on ouvre le robinet E ; le gaz pénètre du gazomètre dans le tube ; le robinet E est alors fermé, et sa communication avec la trompe est rétablie en ouvrant le robinet F. Cette manœuvre répétée deux ou trois fois suffit à enlever complètement l'air de l'appareil. On peut vider le tube ou le laisser rempli du gaz privé d'oxygène (1).

Procédés de Nencki (2). — Nencki se sert de tubes dont l'extrémité inférieure est renflée et l'extrémité supérieure fermée par un bouchon en caoutchouc à deux orifices (*fig.* 3). Dans le premier orifice passe un tube recourbé *d* qui sert à faire le vide, dans le second une tige *b* dont l'extrémité conique, en s'appliquant sur le rétrécissement *c*, peut isoler la partie sphérique du tube. Le milieu nutritif ensemencé, est versé jusqu'en *a*, et le tube plongé dans un bain-marie à 40°. Le vide obtenu, on abaisse la tige *b* et l'on ferme le tube à la lampe. Pour vérifier s'il reste encore de l'oxygène, il suffit de briser la pointe scellée dans une solution alcaline d'acide pyrogallique qui brunit lorsque

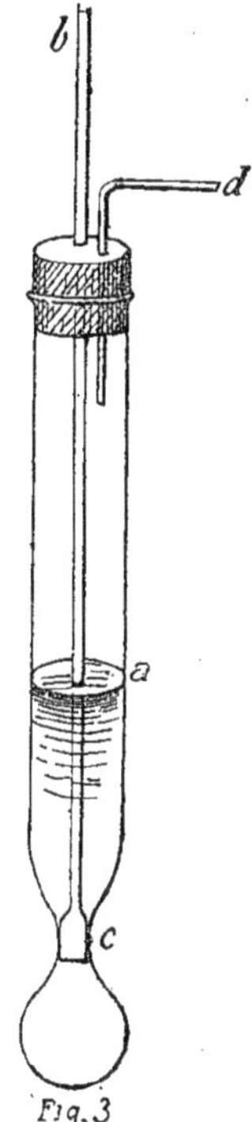

(1) D'après le mémoire de M. Roux (*Annales de l'Institut Pasteur*, n° 2, 1887).
(2) *Beiträge zur Biologie der Spaltpilze,* 1880.

des traces de ce gaz existent encore dans l'appareil.

Nencki a encore eu recours à un dispositif qui évite l'emploi du caoutchouc et donne une issue aux gaz de la fermentation. L'appareil a la forme figurée ci-contre (*fig.* 4). Le tube *c* plonge dans le liquide infectant, servant à inoculer celui du ballon *a*. On chauffe ce dernier à l'ébullition et on y laisse pénétrer, quand un vide parfait s'y est produit, par

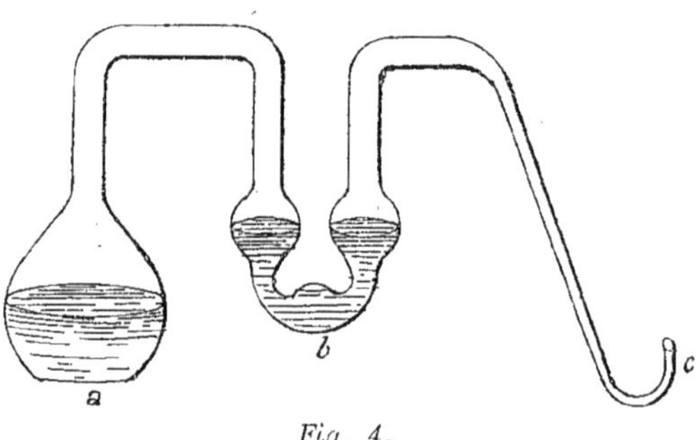

Fig. 4.

aspiration, le premier liquide jusqu'à ce que le ballon *a* soit aux deux tiers plein. On fait alors le vide par le tube *c*, le ballon *a* étant mis dans un bain-marie; le vide obtenu, on soude en *c*. On brise ensuite l'extrémité *c* dans une atmosphère gazeuse composée d'acide carbonique pur ou d'azote, de manière à remplir tout l'appareil de gaz, et on scelle en *c*. Le tube est alors ouvert dans une solution d'acide pyrogallique; on chauffe de nouveau en *a* et on remplit l'appareil à boules *b*. Il n'y a plus enfin qu'à protéger l'ouverture du tube *c* en la mettant sous du mercure.

Procédé de Hüfner modifié par Rosenbach (1). — Il consiste en un ballon de 250 centimètres cubes de volume, à fond applati, avec un col long très effilé, et d'un tube hori-

(1) D'après le mémoire de M. Liborius (*Zeitschrift für Hygiene*, t I, p. 124).

zontal qui, au point de contact avec le col, a un diamètre
de 3 millimètres, et qui, à 2 centimètres de ce point, est
effilé en un tube presque capillaire de 8 centimètres de
longueur. Entre la partie large de ce tube et la portion
capillaire, existe un renflement sphérique qui sert de ré-
servoir à la culture que l'on veut semer (*fig.* 5). C'est ce

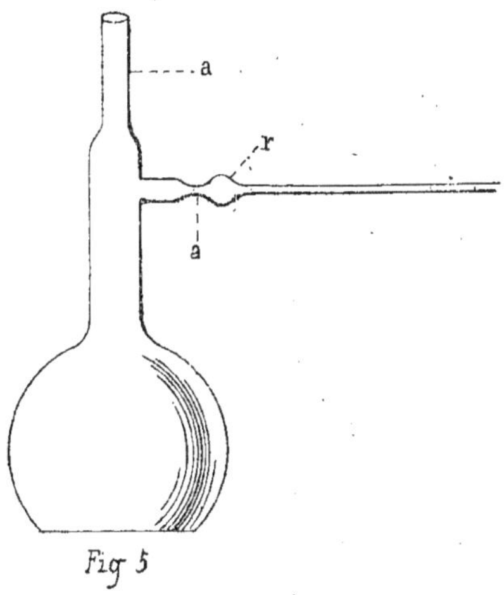

Fig 5

tube horizontal qui est désigné sous le nom d'*ajutage à
infection*. On met d'abord dans ce ballon, par l'ouverture
supérieure et à l'aide d'un entonnoir, la substance nutritive, qui consiste en 20 centimètres cubes de gélatine ou
d'agar nutritif. On effile encore plus la partie rétrécie du
col, au point a' afin de pouvoir la sceller rapidement.
Après refroidissement, on plonge la pointe du tube
latéral dans le liquide à semer et on le remplit par aspiration jusqu'à a. On ferme cette pointe à la flamme, et on
chauffe le ballon jusqu'à ce que la vapeur d'eau soit pro-
jetée énergiquement à travers l'ouverture rétrécie du col
du ballon. Après avoir laissé sortir la vapeur d'eau pen-

dant 4 minutes environ, on scelle rapidement le col au point rétréci, on retire la flamme qui est au-dessous du ballon, on laisse refroidir la substance nutritive jusqu'à 40°. On chasse alors la semence de l'ajutage en le chauffant légèrement, et on le répand dans toute la substance nutritive en l'agitant légèrement. On ferme ce tube horizontal au point a, et on porte l'appareil à l'étuve.

Si l'on ne fait pas bouillir assez longtemps, on ne chasse pas tout l'oxygène du liquide nutritif; si, au contraire, on chauffe trop longtemps, on concentre ce liquide nutritif et on chauffe la semence. Si on la sème trop tôt, on la brûle, la gélatine étant encore chaude; si on la sème trop tard, la gélatine, au contraire, a fait prise. Ce procédé, en outre, ne permet pas l'examen au microscope.

Procédé de Br. Lachowicz et M. Nencki (1). — Pour se mettre à l'abri des objections de Gunning qui démontra à l'aide du ferro-cyanure blanc, que l'occlusion par les robinets de verre, les couches d'huile et de mercure, les solutions d'acide pyrogallique, était insuffisante pour empêcher l'introduction de petites quantités d'oxygène, Lachowicz et Nencki usèrent du dispositif suivant (*fig.* 6).

Le flacon A sert à la production de l'hydrogène, le flacon B, qui contient du ferro-cyanure, sert de réactif. Le ballon C renferme le liquide nutritif et le flacon laveur E, du mercure recouvert d'une solution d'acide pyrogallique et d'une couche d'huile. Ce dernier sert à empêcher la rentrée de l'air et permet de recueillir les gaz qui se dégagent. Les trois flacons, munis de tubes à entonnoir, peuvent être

(1) *Archiv für die gesammte Physiologie*, t. XXXIII, 1884.

scellés à la flamme. Après avoir mis de la limaille de fer
dans le ballon A, on le remplit aux deux tiers d'eau distillée,
aiguisée avec de l'acide sulfurique. On laisse l'appareil se

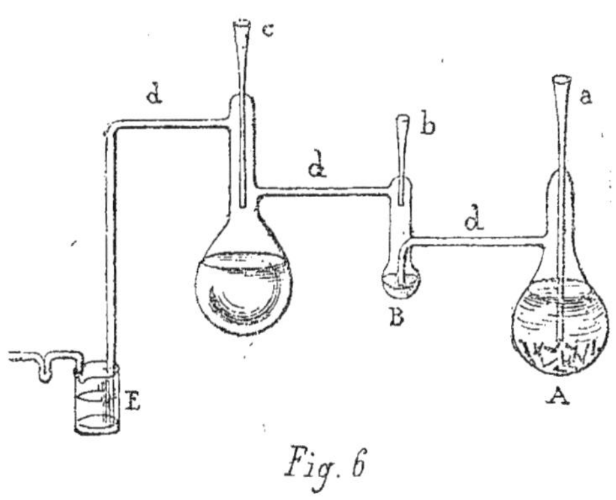

Fig. 6

refroidir pendant quelques minutes jusqu'à 50° environ,
et on verse par l'entonnoir *a* de l'eau acidulée à 40 0/0. On
obtient ainsi pendant plusieurs heures un dégagement
abondant et régulier d'hydrogène. Par l'entonnoir *b*, on
verse quelques centimètres cubes d'une solution de ferro-
cyanure de potassium dans de l'eau bouillie. Quelques instants après, on met le liquide nutritif dans le ballon C
et on ferme le tube à entonnoir *b*. On fait alors bouillir le
liquide nutritif, et pendant l'ébullition on plonge le tube *e*
dans le mercure du vase E. Pour chasser tout l'air de
l'appareil, on ferme momentanément le tube à entonnoir *c*,
avec de la cire. On scelle à la flamme le tube *a*, et en faisant
passer quelques gouttes de liquide du ballon A dans le
ballon B, on obtient un précipité de ferro-cyanure tout à
fait blanc qui indique qu'il ne reste dans l'appareil aucune
trace d'oxygène.

Procédé de Hauser (1). — On réunit par un tube latéral
d, deux tubes à essai, a et b, dont l'un en verre très fusible,
est long de 20^{cm} environ et muni à sa partie moyenne d'un
tube horizontal c terminé par une effilure (*fig.* 7). Le tube
a est fermé avec un bouchon d'ouate, tandis que le tube
b en est rempli tout entier. On étire légèrement le tube a

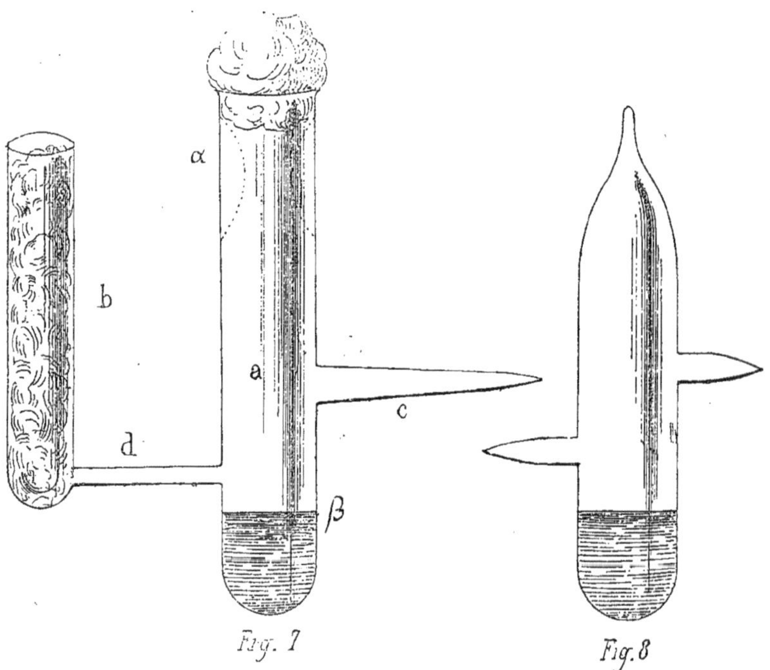

Fig. 7   *Fig. 8*

en α, après avoir stérilisé tout l'appareil en le chauffant à
170°, puis on le remplit jusqu'en β de gélatine nutritive,
et on le laisse quelques jours à l'étuve pour s'assurer
qu'il n'a pas été contaminé. On sème alors avec le fil de
platine, et on finit de l'étirer complètement en α. On scelle

(1) *Ueber Fäulniss Bacterien und deren Beziehungen septicämie*, Leipzig.
1885, p. 50.

dc même les effilures latérales *c* et *d*. On ferme le tube *b* par un bouchon de caoutchouc muni d'un trou qui laisse passer un tube en verre, permettant de relier l'appareil à un gazomètre. On casse la pointe du tube *c*, et le courant de gaz se trouve filtré sur la bourre de coton du premier tube.

Comme l'espace qu'on doit remplir de gaz est très petit, il suffit amplement d'un quart d'heure pour chasser tout l'air des tubes *a* et *b*, et le remplacer par le gaz dont on veut faire usage. Si on emploie l'hydrogène, on peut s'assurer que tout le tube *a* est rempli de gaz en l'allumant à sa sortie en *c*. On scelle enfin le tube, dans le courant de gaz en *c* et en *d*, et on peut le mettre ainsi à l'étuve.

Procédé de Liborius (1). — Liborius verse de la gélatine, de l'agar ou du sérum dans des godets de verre, des tubes à essai, des ballons d'Erlenmeyer, en couche profonde de 5 à 20 centimètres. Avant de semer, il faut avoir soin de liquéfier le milieu nutritif à une basse température. Par cette méthode, il reconnaît lui-même que les résultats sont souvent peu satisfaisants à cause de l'air que l'on introduit par le canal de la piqûre ; de plus, il est fort difficile de faire arriver la semence jusqu'au fond du tube, car elle a à parcourir une trop grande hauteur dans un milieu résistant. Enfin, les germes peuvent être mal répartis, et alors les colonies sont trop considérables et même confluentes. Il est souvent impossible de dire si le milieu est resté stérile, à cause du manque d'oxygène ou bien à cause de l'accès de l'air. Pour examiner les colonies, il

(1) *Zeitschrift für Hygiene,* 1886, t. I, p. 126.

faut verser le contenu du tube sur une plaque de verre stérilisée et le couper par tranches afin de pouvoir en faire l'examen sous le microscope. Ce procédé ne prend de l'importance qu'au point de vue du besoin d'oxygène des bactéries, selon les différentes hauteurs où elles poussent.

Nous dirons cependant que, déjà avant, M. Hesse avait réussi à obtenir le développement du vibrion septique, en faisant pénétrer jusque dans le fond d'un tube de gélatine un fragment de tissu d'un animal mort de septicémie. Il se fait une culture autour des fragments, avec liquéfaction de la gélatine et dégagement de gaz, mais la culture n'arrive jamais à un beau développement.

Ce procédé peut être perfectionné, en isolant tout simplement le milieu nutritif avec une couche d'huile. Il est nécessaire, selon Liborius, qu'elle ait au moins quatre centimètres de hauteur ; nous montrerons plus loin qu'il n'en est rien absolument et qu'un centimètre à peine donne les mêmes résultats. Liborius a montré à l'aide de l'indigo réduit la vitesse de pénétration de l'oxygène dans le milieu nutritif. (Voir le tableau ci-joint, les centimètres indiquent la hauteur de gélatine dans laquelle l'air a pénétré.)

TUBES SANS HUILE		TUBES AVEC HUILE	
Après 5 minutes	0^c,3	Après 7 minutes	0^c,3
— 1 heure	0 ,7	— 1 heure	0 ,5
— 24 heures	1 ,4	— 24 heures	0 ,7
— 2 jours	2 ,5	— 2 jours 1/2	0 ,7

Pour arriver à des résultats plus satisfaisants, Liborius a simplifié le procédé de Hauser. Il emploie un tube à essai étranglé dans sa partie supérieure, et portant à sa partie inférieure un ajutage recourbé à angle droit, dont l'extrémité est bouchée avec un tampon de ouate.

Il introduit la gélatine ensemencée, à l'aide d'un entonnoir (*fig.* 9), fait passer un courant d'acide carbonique
ou d'hydrogène pendant une demi-heure, et ferme le tube
avec un trait de chalumeau dans sa portion rétrécie.

Liborius se sert de préférence de l'hydrogène produit

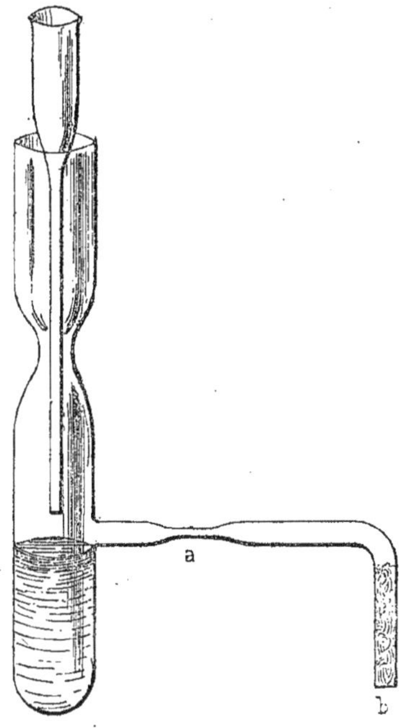

Fig. 9.

par le zinc et l'acide sulfurique, passé à travers une solution d'un sel de plomb pour enlever l'hydrogène sulfuré et
à travers une solution d'acide pyrogallique pour absorber
les dernières traces d'oxygène. Il avait remarqué plusieurs
fois que des tubes restaient stériles, lorsqu'il opérait avec
l'acide carbonique.

Pour être encore plus certain d'éviter toute trace d'oxygène, il fait arriver le tube latéral de son appareil au moyen d'une effilure jusque dans l'intérieur du milieu nutritif et force ainsi le gaz à barboter dans ce dernier (*fig.* 10).

Cette dernière méthode exige beaucoup de précautions,

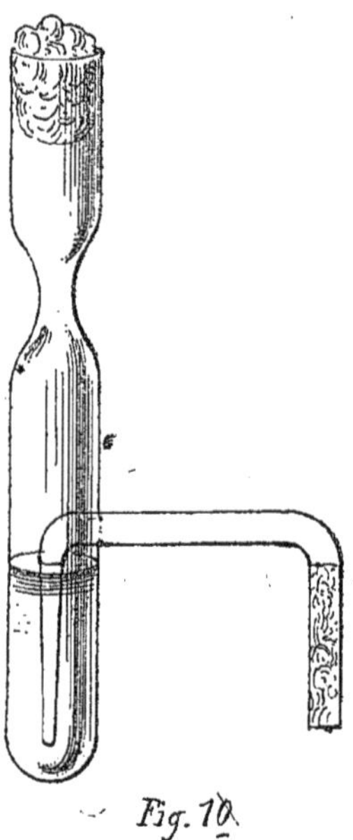

Fig. 10.

à cause de la formation des bulles dans un liquide albumineux et ne donne guère de résultats plus sensibles que la première. Le barbotage est donc superflu.

Procédé d'Esmarch (1). — Il se sert du tube à essai ordinaire stérilisé, renfermant de la gélatine nutritive et bouché par un tampon de ouate. Il liquéfie la gélatine à une douce chaleur, puis sème avec le fil de platine ou une

(1) *Zeitschrift für Hygiene,* 1886, Bd I, p. 293.

pipette stérilisée une trace du liquide à examiner; il remet le tampon de coton et agite lentement deux ou trois fois, de façon à répartir également les germes dans le milieu nutritif. Puis il enroule la gélatine sur les parois du tube en tenant le tube horizontalement sous un filet d'eau froide, tout en lui imprimant un mouvement rapide de rotation. Pour empêcher la pénétration de l'eau, il recouvre le tampon de coton par une coiffe de caoutchouc.

Il remplit alors le creux formé par le manchon de gélatine solidifiée, en y versant le contenu liquéfié d'un autre tube de gélatine, mais en ayant soin de maintenir le premier tube dans de l'eau glacée, pour empêcher la liquéfaction de la gélatine au contact de celle qui est chaude. Il a obtenu ainsi des colonies isolées de vibrion septique.

Ce même procédé peut être utilisé en employant du bouillon additionné de gélose, ce qui permet de porter les tubes à l'étuve; comme la gélose adhère difficilement au verre, on y remédie en ajoutant au liquide quelques gouttes d'une solution de gomme neutralisée et stérilisée.

Procédé de Max Gruber (1). — Il recommande de se servir d'un tube de verre de 2 centimètres de diamètre, étiré vers sa partie supérieure (*fig.* 11). Le tube bouché avec du coton et stérilisé à 150°. Refroidi, on le remplit, à l'aide d'un entonnoir, de 10 à 12 centimètres cubes de gélatine nutritive et on le stérilise comme à l'ordinaire dans une étuve à vapeur d'eau à 100°. Pour semer, on liquéfie la gélatine, on introduit la culture à l'aide du fil de platine et l'on bouche le tube en enfonçant le bouchon de coton jusqu'à l'é-

---

(1) *Centralblatt für Bakteriologie und Parasitenkunde,* 1887, p. 367.

tranglement. On remet au-dessus de ce dernier un bouchon de caoutchouc ou de liège, muni d'un trou, dans lequel passe un tube de verre coudé à angle droit, qui permet de relier l'appareil avec une trompe à eau. Pendant qu'on fait le vide, on met le tube dans de l'eau à 350 pour faire bouillir le liquide nutritif et chasser ainsi complètement l'air. Pour éviter les projections, avec un bec Bunsen, on chauffe le tube au niveau du col de la partie rétrécie. On reconnaît, au bout d'un quart d'heure de vide et d'ébullition, que l'air est complètement chassé, à ce que les bulles, de fines et mousseuses qu'elles étaient, sont devenues énormes et se crèvent rapidement. On ferme alors le tube en sa partie rétrécie, et il est roulé selon le procédé d'Esmarch. Mais il faut avoir soin de ne le refroidir que petit à petit, car sous le jet d'eau froide, la gélatine se mettrait à bouillir et en se solidifiant emprisonnerait de nombreuses bulles d'air. Il est donc nécessaire de le refroidir à l'air libre. Aussi le temps exigé pour la confection d'un tube demande-t-il au moins une demi-heure. De plus il reste encore des traces notables d'oxygène, car l'auteur dit, lui-même, avoir obtenu un précipité bleuâtre avec le ferro-cyanure. Il recommande seulement son appareil, comme permettant de

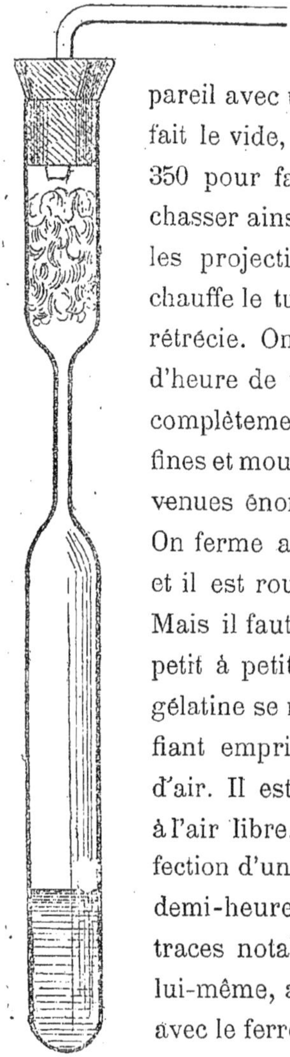

Fig. 11.

suivre, sous le microscope, le développement des colonies dans les milieux solides.

Procédé de Roux (1). — On étire un tube de verre à son extrémité inférieure et, en B, on pratique un étranglement (*fig.* 12). L'extrémité supérieure est fermée par un tampon de coton et on stérilise le tube sur une flamme quelconque. Pendant qu'il est encore chaud, on aspire la gélatine que l'on vient de faire bouillir. Quand elle est

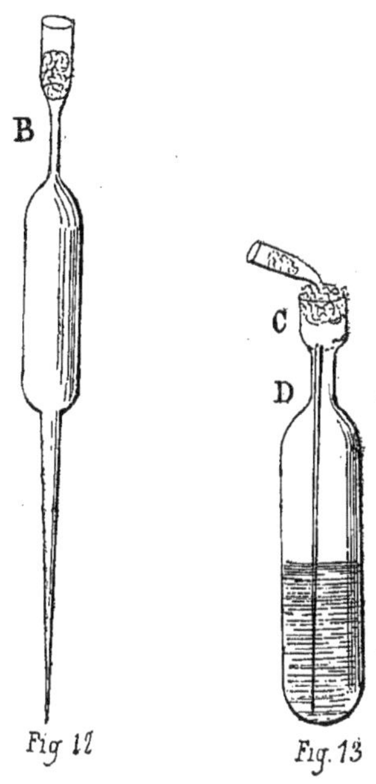

arrivée en B, on ferme aussitôt à ce niveau et à la pointe. Pour l'ensemencer, il suffit d'ouvrir l'extrémité supérieure et de la refermer à la flamme.

Par ce procédé, il reste encore de l'air dissous ; aussi y a-t-il parfois de la lenteur dans le développement. Pour éviter cet inconvénient, M. Roux donne le dispositif suivant (*fig.* 13). On prend un tube à essai étiré à sa partie

(1) Roux, *Annales de l'Institut Pasteur*, n° 2, 1887.

supérieure et fermé par un tampon de coton. Sur l'orifice supérieur, on introduit un tube de petit calibre qui ne ferme pas complètement l'ouverture et qui amène un courant de gaz inerte privé d'air, dans la gélatine au préalable liquéfiée dans un bain d'eau chaude. On soulève alors le tube adducteur au-dessus du niveau de la gélatine, qu'on rend solide en la refroidissant. Le courant de gaz continue d'empêcher l'introduction de l'air extérieur. Pour semer, on soulève la bourre de coton c et on pratique la piqûre dans la gélatine

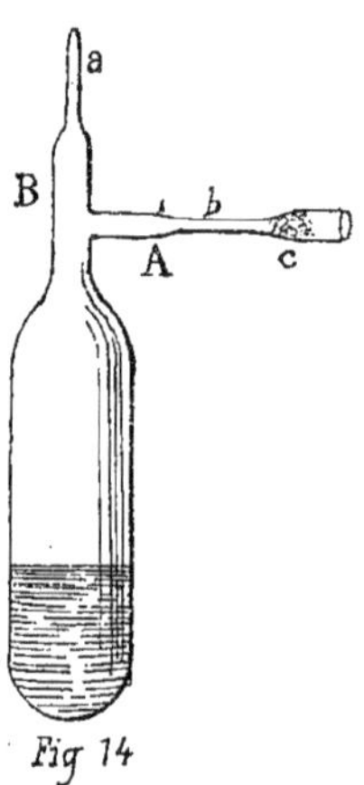

Fig 14

avec un fil de platine. Il ne reste plus qu'à soulever le tube adducteur et fermer l'étranglement en D. On évite ainsi complètement l'introduction de l'air. Au lieu de chasser l'air par un gaz inerte, on peut faire le vide avec la trompe; on emploie alors le dispositif montré par la figure 14.

La tubulure A communique avec la machine à faire le vide. La tubulure B est fermée au chalumeau. La gélatine est fondue à une température aussi basse que possible. L'appareil étant privé d'air, on le laisse refroidir en le maintenant en communication avec le gazomètre. Lorsque la gélatine a fait prise, on casse l'extrémité effilée du tube en *a* avec une pince flambée. Il ne reste plus qu'à faire la piqûre avec le fil de platine.

M. Roux donne ensuite un tour de main excellent pour utiliser la propriété qu'a le *Bacillus subtilis* d'absorber l'oxygène de l'air.

On porte à l'ébullition un tube à essai ordinaire contenant de la gélatine ou de la gélose et on solidifie rapidement en plongeant le tube dans de l'eau froide. Puis on sème au moyen du fil de platine. Au-dessus de la surface de la gélatine on verse un peu de gélose liquéfiée. Lorsqu'elle a fait prise, on introduit dans le tube une culture pure de *Bacillus subtilis* qui bientôt prend tout l'oxygène contenu dans le tube, et au-dessous l'organisme anaérobie pousse parfaitement à l'abri, séparé de la culture liquide par le bouchon de gélose qui ne se liquéfie pas.

Pour faire ensuite une prise de semence sans prendre en même temps du *Bacillus subtilis*, on lave extérieurement le tube ; vers le milieu de la culture, on fait sur le verre un trait à la lime, avec le charbon de Berzélius, on détache la partie inférieure du tube et on peut puiser facilement et avec pureté le microbe anaérobie.

Pour obtenir des cultures sur pomme de terre, M. Roux modifie légèrement le nouveau procédé qu'il a introduit pour les aérobies, à la place de la méthode assez compliquée de M. Koch (1). Pour cela, il soude au tube à essai, au-dessous de l'étranglement, un tube latéral, étiré en *a* (*fig.* 15) et muni d'un tampon de coton, comme le montre la figure. Après avoir introduit la tranche de pomme de

(1) *Annales de l'Institut Pasteur,* n° 1, 1888.

terre dans le tube, on stérilise le tout à l'autoclave comme
il a été dit plus haut ; puis, quand la surface de la pomme
de terre est égouttée, on sème l'organisme anaérobie que
l'on veut cultiver, et on ferme à la lampe la partie supé-

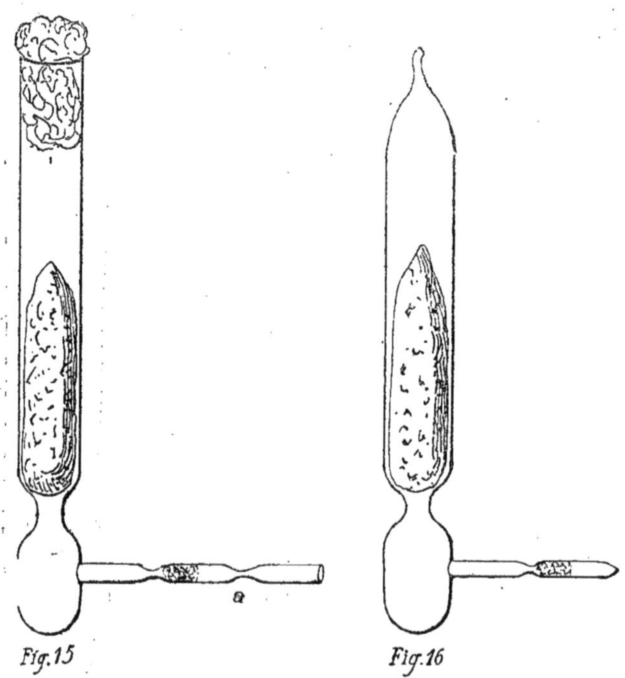

Fig. 15   Fig. 16

rieure comme on le voit (*fig.* 16). La tubulure latérale est
reliée à la pompe à mercure et on fait soigneusement le
vide. La tranche de pomme de terre est maintenue pendant quelques instants sous le vide de la machine pour que
l'air qu'elle contient s'échappe ; puis, avec un trait de chalumeau porté en *a*, on détache le tube. Il est facile de
suivre à travers la paroi du verre le progrès de la culture.

Au lieu de faire le vide, on peut, après avoir étiré la

partie supérieure du tube, faire passer un courant de gaz privé d'oyxgène et fermer ensuite à la lampe le tube en haut et en bas.

Procédé de Vignal (1). — Ayant eu à isoler quelques microbes anaérobies, M. Vignal a eu recours à l'artifice suivant.

Il se sert de tubes de verre d'un diamètre intérieur de 3 à 4 millimètres et longs de 1 mètre. Il les effile à une extrémité, à l'autre il pratique un étranglement et les bouche par un tampon de coton. Puis il les stérilise, soit directement à la flamme, soit en les chauffant dans un tube de cuivre.

Il fait ensuite bouillir dans un tube à essai de la gélatine nutritive, qu'il laisse refroidir dans un courant d'hydrogène et ensemence en présence de ce gaz, vers 250°. Il aspire alors la gélatine dans le tube de verre par la pointe effilée, et referme les deux extrémités à la lampe.

Les anaérobies se développent en petites couches qui, si les germes ont été assez dilués, sont parfaitement isolées les unes des autres.

Pour isoler les microbes de ces diverses colonies, on coupe à un niveau voulu le tube de verre, après l'avoir lavé au bichlorure de mercure et à l'alcool absolu, et séché avec du papier stérilisé, et on fait la prise à l'aide d'un tube de verre ou d'un fil de platine. On peut conserver les fragments du tube en fondant à la chaleur un peu de la gélatine aux extrémités ouvertes, et plongeant le tube dans de la cire à cacheter fondue.

Ce procédé, dit M. Vignal, ne vaut pas ceux de M. Roux,

(1) *Annales de l'Institut Pasteur*, 1887, n° 7.

mais il peut rendre des services, étant simple et peu coûteux.

Procédé de C. Frænkel (1). — Frænkel reproche cer-

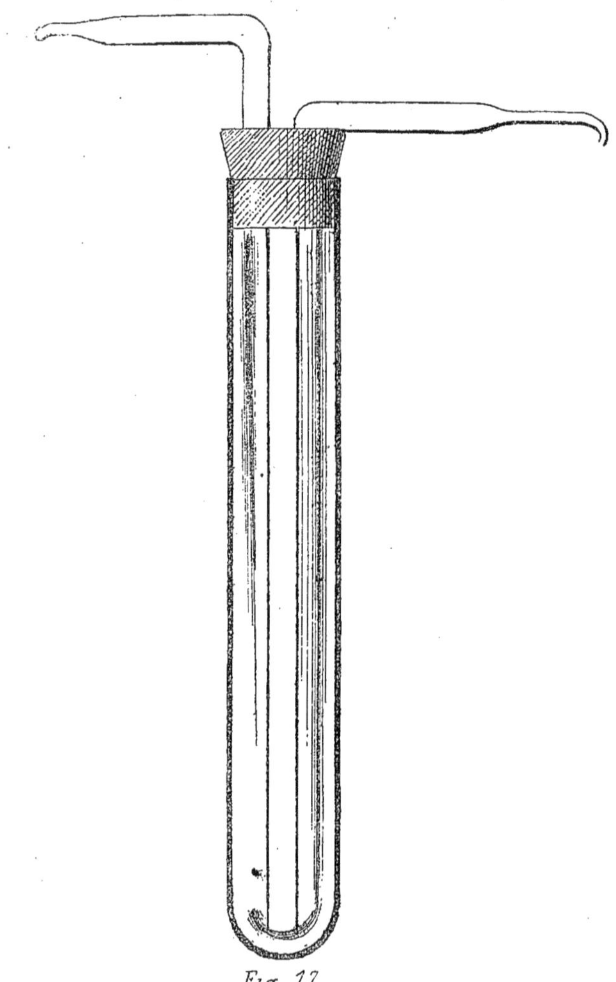

Fig. 17

tains inconvénients à la méthode de Liborius : elle exige

(1) *Centralblatt für Bakteriologie und Parasitenkunde,* 1888. Bd III, n° 24, p. 703.

un contrôle incessant du gaz qui barbote et qui peut ainsi entraîner du liquide nutritif dans l'effilure latérale et arrêter le courant d'hydrogène. Lorsque ce dernier est trop faible, il faut le faire barboter pendant trois quarts d'heure pour chasser l'air, surtout quand on emploie la gélose. Il coûte trop cher et, pour ces cultures successives, ne présente pas plus d'avantages que les autres procédés. C. Frænkel se propose donc de réunir les avantages de la méthode de Gruber et de Liborius.

Il se sert d'un simple tube à essai fermé par un bouchon de caoutchouc par lequel passent deux tubes coudés : un tube d'arrivée qui s'enfonce jusqu'au fond du tube et un tube de sortie qui commence au-dessous du bouchon (*fig.* 17). Ces deux tubes sont au préalable effilés dans leur partie extérieure et fermés avec des tampons d'ouate. Le tube à essai et le milieu nutritif ayant été stérilisés convenablement, on fait passer un courant d'hydrogène obtenu avec du zinc pur et de l'acide sulfurique pur, et lavé, de façon à le débarrasser des produits sulfurés, arsenicaux, et de la petite quantité d'oxygène qu'il pourrait encore contenir. Quand l'air est tout à fait chassé, on ferme à la lampe, en leurs effilures, d'abord le tube de sortie, puis le tube d'entrée, et on étend le liquide gélatinisé sur les parois du tube.

Une précaution essentielle à prendre est de stériliser avec soin le bouchon de caoutchouc et les tubes de verre. On laisse séjourner le bouchon pendant une heure dans une solution de sublimé à $\frac{1}{1000}$, puis pendant trois quarts d'heure dans la vapeur d'eau bouillante. Les tubes, une fois recourbés et munis de leur tampon d'ouate, sont stérilisés à sec et enfoncés dans les bouchons avec les mains lavées dans une solution de sublimé à $\frac{1}{1000}$. On relie, avec un court tube de caoutchouc, le tube d'arrivée de l'hydro-gène, et l'on les effile tous deux. On chauffe enfin le long tube à la flamme avant de l'enfoncer dans le tube à essai.

Pour éviter la diffusibilité de l'hydrogène, qu'on est tou-jours exposé à voir remplacer par de l'air, M. Frænkel recommande de couvrir le bouchon et l'extrémité du tube d'une couche de paraffine.

La disparition de l'air est très prompte, au dire de cet auteur. Il ne faut pour cela qu'une minute et demie à deux minutes avec le bouillon, lorsque le courant est énergique; que trois à quatre minutes avec un milieu de 5 0/0 de gélatine additionnée de 1 0/0 de glucose et maintenu à 37°. Avec la gélose, il ne faut pas dépasser 2 0/0, et encore, comme de la gélose à ce titre se prend déjà en masse au-dessous de 40°, il faut aller très vite et ne faire passer le gaz que deux à trois minutes (1).

Procédés de Hans Buchner (2). — Hans Buchner se servait, avant sa nouvelle méthode, de ballons de la forme ci-jointe (*fig.* 18), qu'il bouchait avec du coton et remplis-sait à demi d'une solution de viande peptonisée, faible-ment alcaline. Puis il stérilisait à l'autoclave. Or, toutes les fois que l'on refroidit rapidement l'autoclave, il sur-vient une ébullition du liquide contenu dans le ballon, de telle sorte que les gaz sont chassés du liquide nutritif. Par la courbure du tube, on sème avec un fil de platine en le frottant sur les parois du tube, et l'on rebouche immé-

(1) D'après l'analyse de M. Duclaux (*Annales de l Institut Pasteur*).
(2) *Archiv für Hygiene*, Bd. 3, 1885, p. 413.

diatement. On incline alors l'appareil de façon à venir dé-
layer la substance nutritive déposée sur les parois. Avec
des tubes en caoutchouc on monte une batterie de ballons

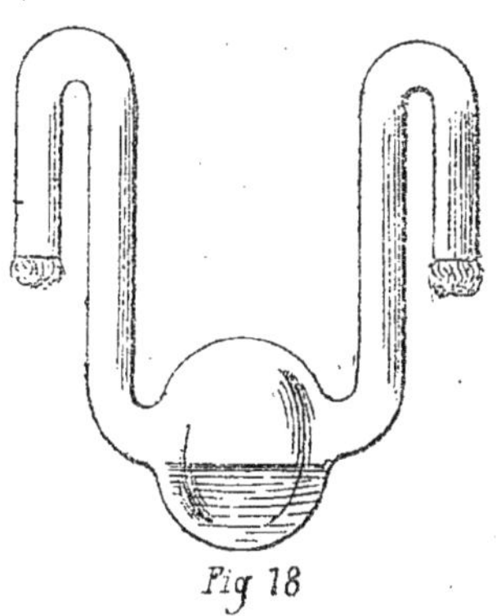

Fig 18

semblables. Pendant une demi-heure on fait passer un
courant fort d'acide carbonique, bien lavé; puis on isole
les ballons à l'aide de pinces appliquées sur les caout-
choucs, et on met le tout à l'étuve.

E. Buchner, son frère, se servait d'une méthode beaucoup plus rapide. Dans des tubes à essai, il chauffait le
milieu nutritif, chassait l'air au-dessus du tube par un courant d'acide carbonique et scellait à la flamme. Dans ces
tubes ainsi préparés la spirille du choléra ne se dévelop-
pait pas.

L'année dernière M. Hans Buchner a donné une nouvelle méthode, consistant dans l'absorption de l'oxygène
par une solution d'acide pyrogallique. Il reste une atmosphère composée d un peu d'azote, d'acide carbonique, mélangés avec une petite portion d'oxyde de carbone, qui,
d'après Calvert, Cloëz, Boussingault, se forme toujours

4

avec l'acide carbonique et l'acide acétique de la solution.

Il emploie un tube extérieur d'une longueur de 22 à 24 centimètres et d'un diamètre intérieur de 3 centimètres, un second tube peut facilement être contenu dans son intérieur (*fig.* 19). On y met un gramme d'acide pyrogallique sec du commerce, on y ajoute avec une pipette 10 centimètres cubes d'une solution de potasse (1 partie de potasse caustique pour 10 parties d'eau). Le tube une fois semé repose sur un petit support en laiton. Le bouchon d'ouate même serré empêche peu la diffusion du gaz. Le tube externe est fermé par un bouchon de caoutchouc élastique neuf. Si le volume d'air du tube interne est égal à 5 centimètres cubes, la quantité d'acide pyrogallique de 1 gramme, celle de la potasse de 10 centimètres cubes, la résorption de l'oxygène dans une étuve à 37° est complète après vingt-quatre heures.

L'auteur recommande cette méthode pour les recherches pratiques du laboratoire où il est utile de dépenser le moins de temps possible. Car, en effet, la méthode de Gruber demande plus de vingt minutes, celle de C. Frænkel au moins dix, et celle-là seulement cinq minutes.

On peut aussi, dit-il, faire des cultures sur plaques selon la méthode d'Esmarch, ou encore sur plaques ordinaires que l'on mettra sous une cloche hermétiquement fermée et contenant des grandes quantités d'acide pyrogallique (1).

(1) *Centralblatt für Bakteriologie und Parasitenkunde*, 1888, p. 149.

CHAPITRE III

PROCÉDÉS DE CULTURE SUR PLAQUES

DES MICRO-ORGANISMES ANAÉROBIES

Les premiers essais de culture sur plaques des microbes anaérobies ont été institués par M. Koch. C'est
ainsi notamment qu'il mit en lumière le caractère aérobie
du micro-organisme du choléra asiatique.

Lorsque la gélatine, coulée sur la plaque de verre,
selon la méthode ordinaire, était encore à demi liquide, il
appliquait immédiatement dessus une feuille de mica stérilisée à la flamme, en prenant la précaution de ne pas
enfermer de bulles d'air. Malgré cela, il y a absorption
de l'oxygène entre les bords de la plaque et la gélatine.
En effet Liborius a démontré, à l'aide de l'indigo réduit
comme réactif, qu'au bout de vingt-quatre heures l'oxygène avait pénétré jusqu'à 5 centimètres du bord de la
plaque, et qu'au bout de dix jours il arrivait au centre.

Ce procédé, commode pour les anaérobies facultatifs,
est tout à fait insuffisant pour les anaérobies purs et peut
servir tout au plus à apprécier plus ou moins rapidement

le besoin d'oxygène de certains micro-organismes. De plus l'examen microscopique est bien difficile. Pour le faire, il faut enlever la plaque de mica qui emporte des fragments plus ou moins considérables de gélatine. Dans ces fragments on est obligé de rechercher la colonie que l'on désire examiner et que l'on a souvent perdue de vue.

Pour remédier à cet inconvénient, Liborius introduit ses plaques sous une cloche de verre, munie de deux robinets permettant d'établir un courant de gaz. Pour assurer une herméticité parfaite, il interpose entre le plan de verre et la cloche une rondelle de caoutchouc. Une presse en bois maintient la cloche contre le plan et le verre pour éviter qu'elle ne soit soulevée par la pression du gaz. Mais il ne put obtenir ainsi des colonies d'anaérobies exclusifs. Aussi combine-t-il ses deux procédés, en employant des couches épaisses de gélatine dans une atmosphère privée d'air. Il se servait à cet effet de petits godets de verre de 6 centimètres de diamètre et de $1^{cm},5$ de hauteur. Pour être plus assuré encore d'enlever toute trace d'oxygène, il ensemençait un microbe excessivement aérobie, tel que le *Proteus vulgaris* d'Hauser. Il obtint ainsi des colonies de vibrion septique.

Pour la culture sur plaques, M. Roux prend un tube de verre fermé, large de 3 centimètres environ, long de 25 à 30 centimètres, et terminé par un tube plus étroit, fermé par un tampon de coton (*fig.* 20). On liquéfie la gélatine à une douce chaleur et on sème. On étrangle le tube à la lampe (*fig.* 21) un peu au-dessus de la partie renflée en *c*, et on pousse le coton jusqu'à cet étranglement, puis on étire le tube en A. L'appareil ensuite purgé d'air à l'aide de la machine à vide est couché sur un plan

horizontal (*fig.* 22). La gélatine s'étale sur la paroi inférieure.

Pour pratiquer l'examen de la plaque, on fait en A un
trait avec un couteau à verre, puis avec un charbon Berzélius on complète la section du tube. Par l'ouverture on

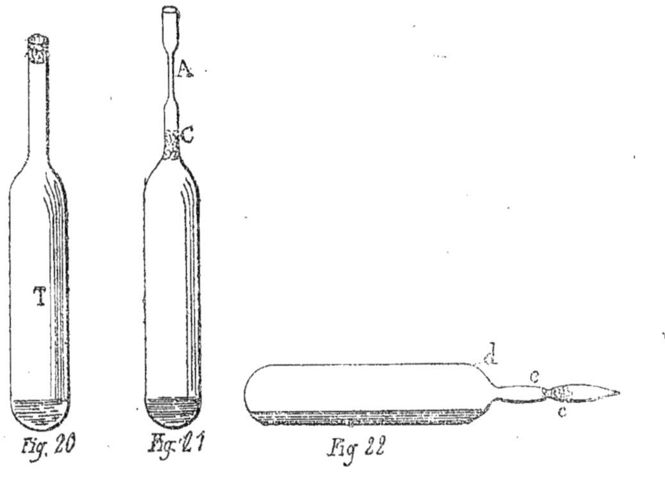

introduit un diamant monté sur une tige rigide et on fait
un trait intérieur sur chaque paroi du tube; on détache
facilement la gouttière supérieure et la gouttière inférieure qui peut être ainsi examinée sous le microscope
à la façon d'une plaque ordinaire.

Pour éviter l'emploi d'une machine aspirante, et
chasser l'air du tube par un courant de gaz inerte,
M. Roux recommande le tube (*fig.* 23) qui est d'un usage
commode. Le courant de gaz pénètre par le tube latéral
qui porte en T un tampon de coton *b*, il barbotte dans la
gélatine maintenue liquide et sort à travers le coton en *e*.
Lorsque l'appareil est bien purgé d'air, on ferme à la

lampe en *a* et on couche le tube comme il a été dit plus haut.

Nous ajouterons ici que la *Chambre à gaz* de Ranvier peut encore servir utilement à l'étude des anaérobies. Il

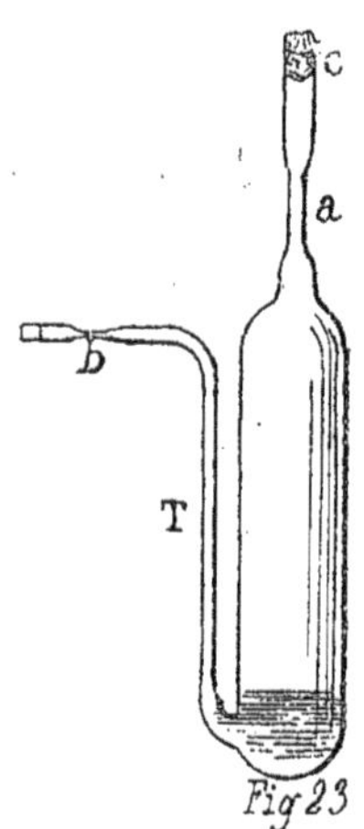

suffit de déposer une goutte du liquide dont on veut pratiquer l'examen sur le disque de verre et la recouvrir d'une lamelle que l'on lute à la paraffine sur le porte-objet métallique. Le gaz arrive par les tubulures latérales dont est muni le porte-objet, et circule dans la rigole qui entoure le disque.

CHAPITRE IV

PROCÉDÉ DE L'AUTEUR (1)

On voit par la multiplicité de ces appareils et de ces
méthodes, au nombre d'une vingtaine, qu'aucune d'elles
ne semble irréprochable. Ces procédés reposent sur l'emploi de milieux de cultures privés d'une façon aussi parfaite que possible d'oxygène.

On arrive à ce but de deux façons différentes : par l'emploi du vide ou par la substitution d'un gaz inerte. Les
différents gaz inertes qu'on a déjà employés sont nombreux : hydrogène, azote, acide carbonique. L'hydrogène
sulfuré, le protoxyde, le bioxyde d'azote, l'oxyde de carbone, rempliraient le même but, mais nous ne sachons
pas qu'ils aient été employés.

Nous avons pensé qu'il y aurait avantage à se servir
du gaz d'éclairage. Bien qu'à l'aide des appareils à production continue de Sainte-Claire Deville l'usage d'un
gaz tel que l'hydrogène ou l'acide carbonique ne com-

(1) Ce procédé, que nous avons imaginé en collaboration avec M. Wurtz,
a été publié dans les *Archives de Pathologie expérimentale*, 1889, n° 4,
p. 523.

porte pas de difficultés, le gaz d'éclairage supprime la nécessité d'un appareil quelconque; on le trouve dans tous les laboratoires, et nous allons voir que son emploi nous a donné d'excellents résultats. Il est particulièrement commode pour la préparation des milieux de culture.

Nous donnons ici quelques analyses de divers gaz de l'éclairage, choisies parmi celles qui présentent le plus d'écarts :

	I	II	III	IV
Bicarbure d'hydrogène C^2H^4 (éthylène)	8	3,8	4,1	38,0
Buthylène C^4H^8	»	»	2,3	38,0
Gaz des marais CH^4	72	32,8	34,9	56,5
Oxyde de carbone	13	12,9	6,6	»
Acide carbonique	4	0,3	3,6	»
Hydrogène	»	50,2	45,6	3,0
Acide sulfhydrique	3	»	»	»
Azote	»	»	2,7	2,5
	100,0	100,0	100,0	100,0

I, gaz mal épuré.
II et III, gaz de bonne qualité.
IV, gaz des huiles et matières grasses.

Tout autre gaz inerte pourrait également être employé de la même façon.

Voici le détail des manipulations. Elles comportent la préparation des milieux de cultures, la mise en tubes, l'ensemencement et le repiquage des cultures.

I. *Préparation du milieu nutritif privé d'oxygène.* — On verse dans un matras M (*fig.* 24), dont le col porte à sa base un tube de dégagement latéral, le milieu nutritif (bouillon, gélatine ou gélose). On branche le tube d'arrivée du gaz sur le col effilé du matras et, sur la tubulure latérale, un second tube de caoutchouc muni d'un brûleur Bunsen B. Le gaz traverse donc le matras et arrive à la surface du milieu nutritif avant de brûler. On fait

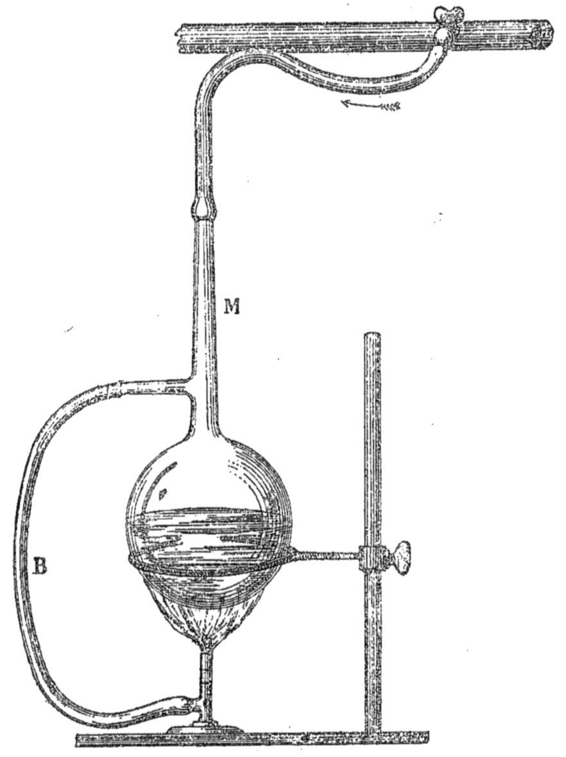

Fig. 24.

ainsi bouillir le liquide nutritif dans un courant de gaz inerte, pendant quelques minutes. Il va sans dire qu'il faut attendre quelques secondes avant d'allumer le brûleur pour chasser l'air de l'appareil et éviter la formation d'un mélange détonant. Les tubes M et B sont munis de tampons de coton.

II. *Préparation des tubes de culture.* — Il faut maintenant répartir le milieu privé ainsi d'oxygène dans les tubes à essai, en évitant l'accès de l'air.

Pour cela, on plonge dans le tube à essai un tube de

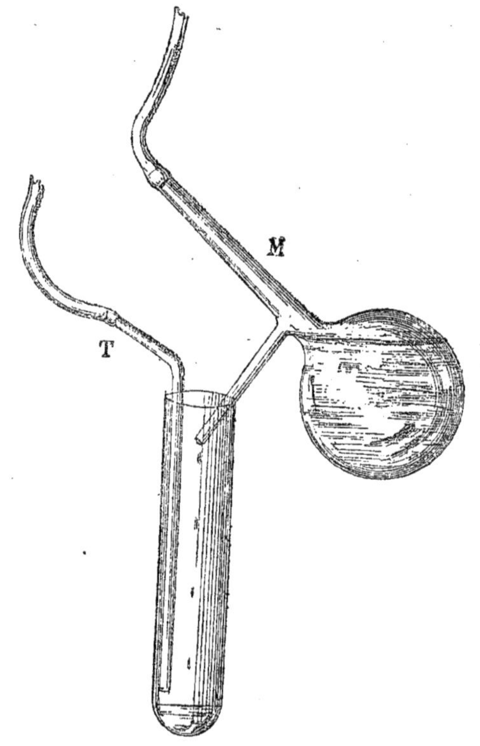

Fig. 25.

verre effilé T (*fig.* 25) branché sur un second bec de gaz, et l'on ouvre le robinet.

L'air du tube est entièrement chassé et remplacé par du gaz. On prend alors le matras M, on enlève le brûleur B avec son tube de caoutchouc et, sans que le gaz cesse de traverser le matras, on verse dans le tube à essai, traversé lui-même par un second courant de gaz, le liquide nutritif (bouillon, gélatine ou gélose). Quand la quantité versée est jugée suffisante, on enlève le matras et, sans cesser de faire arriver le gaz par le tube T, on ajoute quelques centimètres cubes d'huile ou mieux de pétrole. On peut, par excès de précaution, stériliser le tube à l'autoclave. Il est alors prêt à servir, parfaitement privé d'oxygène, ce que nous avons vérifié de la façon suivante :

Dans un flacon bien séché et bouché à l'émeri nous avons mis de la tournure de zinc, et versé dessus une solution saturée de bisulfite de soude. Dans un tube à brome nous avons mis une solution étendue de sulfate bleu d'indigo que nous avons réduit à l'aide de notre hydrosulfite. Puis, de la même façon que nous indiquerons pour semer, nous avons versé dans les tubes contenant le milieu de culture quelques gouttes du réactif. Les tubes témoins se coloraient en bleu d'une façon intense, tandis que les tubes privés d'oxygène n'offraient pas la moindre trace de coloration, même après plusieurs jours, et *cela quelle que soit la hauteur de la couche de pétrole isolante.*

III. *Ensemencement et repiquage des tubes.* — Pour semer les colonies dans les tubes et pour examiner les colonies qui ont pu s'y développer à l'abri du contact de l'air, nous avons employé, au lieu de l'aiguille de platine ordinaire, une aiguille portée sur un tube de verre creux. Le fil de platine est soudé sur le bord de l'une des extrémités de ce manche, tandis que l'autre extrémité est branchée sur un tube de caoutchouc par où arrive le gaz.

Il est facile de semer et de puiser les colonies à l'abri de l'oxygène de l'air, à l'aide de cette aiguille. En effet, on plonge l'aiguille dans le tube placé verticalement ; on ouvre le robinet de gaz, on incline légèrement le tube pour déplacer le pétrole qui se répand sur les parois et découvre le milieu nutritif, et l'on sème; puis on retire l'aiguille du milieu nutritif et on redresse le tube verticalement. Le pétrole vient aussitôt recouvrir la surface libre de la gélatine ou de la gélose, sans que pendant un seul instant le milieu de culture ait pu dissoudre de l'oxygène.

Voici les résultats que nous avons obtenus. Pour les cultures dans le bouillon, le vibrion septique, le bacillus butyricus, le charbon symptomatique, ont aussi donné d'aussi bons résultats avec les procédés ordinaires. En milieu solide soit sur gélose, soit sur gélatine, nous avons eu les formes caractéristiques décrites par tous les auteurs qui se sont occupés de la culture du vibrion septique. Quant au charbon symptomatique, en milieux solides, personne n'avait réussi à le cultiver, à l'exception de M. Roux, qui, dans les *Annales de l'Institut Pasteur* (1), obtint des cultures sur gélose, mais ne décrivit pas leur forme et leurs caractères. Sauf M. Roux, tous les expérimentateurs sont unanimes à constater leur insuccès sur ce petit détail de technique. Tout récemment encore, M. Kitasato, dans un travail publié dans les *Archiv für Hygiene*, 1889, dit n'être arrivé à aucun résultat pour la culture du charbon symptomatique en milieux solides.

Nous avons réussi à le cultiver par l'artifice suivant : en employant un milieu contenant des traces de fer, MM. Arloing, Cornevin et Thomas recommandent le sulfate ferreux; nous avons employé l'hématine. On sait que ce produit résulte du dédoublement de l'hémoglobine

---

(1) *Annales de l'Institut Pasteur*, 1887, n° 2.

sous l'influence des alcalis ou des acides, et contient des quantités notables de fer. Il est facile à préparer par le procédé de Cazeneuve (1). Nous alcalinisions notre gélose avec une solution d'hématine dans la soude.

Les tubes de culture ainsi préparés avaient une coloration qui variait du bistre au rouge brun. Il ne faut cependant pas atteindre cette dernière nuance, qui gêne un peu pour l'examen des colonies, sans toutefois gêner leur développement.

L'ensemencement se faisait de la façon suivante : au fond d'un tube à essai, dans un courant de gaz, on semait des traces de sang, prélevé depuis plus ou moins longtemps sur un cobaye mort de charbon symptomatique, et on versait dans le tube la gélose encore presque bouillante à 70 ou 80°. Les expériences de MM. Arloing, Cornevin et Thomas ont en effet montré que le *Bacterium Chauvœi* pouvait résister à des températures très élevées pendant un temps assez long. Notre gélose ayant bouilli dans le gaz et versée encore chaude dans le tube ne pouvait contenir aucune trace d'oxygène, car on la recouvrait immédiatement de pétrole.

Nous avons obtenu ainsi des cultures du charbon symptomatique qui présentaient les caractères suivants : colonies d'un blanc jaunâtre, discoïdes, montrant quelquefois au centre de leur face convexe un petit point saillant semblable à l'axe d'une roue. Leur dimension n'a jamais

(1) On coagule du sang par la chaleur après l'avoir additionné de son poids de sulfate de soude en cristaux. Dès que la coagulation est achevée, on jette le magma sur une toile, on l'exprime modérément et on triture avec l'alcool contenant un peu d'acide oxalique. L'épuisement se fait très rapidement et la teinture alcoolique tient en dissolution l'hématine que l'on précipite par l'éther ammoniacal.

dépassé 3 à 4 millimètres de diamètre. Elles s'accompagnaient, mais d'une façon peu constante, de développement de gaz. Leur nombre dans un tube n'était jamais bien considérable, une vingtaine au plus, séparées assez notablement les unes des autres. Ces colonies, semées dans du bouillon et ensuite inoculées à des cobayes, les ont tué rapidement, alors qu'elles épargnaient les lapins. On sait que ce caractère est un des meilleurs signes pour différencier le charbon symptomatique du vibrion septique.

Quant à la culture sur plaques proprement dite, nous avons constamment échoué pour le charbon symptomatique. Était-ce à cause de l'épaisseur insuffisante du milieu nutritif ou des traces d'oxygène absorbées pendant les manipulations que comportent la préparation et le transport de la plaque sous la cloche, nous l'ignorons.

Mais nous avons obtenu de très beaux résultats pour le vibrion septique, et sans qu'il soit nécessaire, comme l'indiquait Liborius, de mettre une hauteur énorme de gélatine, ce qui enlève au procédé de culture sur plaques ses réels avantages. Ces colonies se présentèrent sous forme de taches d'un blanc mat, à contours mal déterminés, se confondant peu à peu avec les parties avoisinantes et offrant une striation légère. A un faible grossissement, elles montrent une masse arborescente, semblable à une feuille de fougère, absolument caractéristique.

En se reportant aux analyses de gaz d'éclairage que nous avons données plus haut, on voit donc que si l'acide carbonique met obstacle au développement de certaines espèces anaérobies (Roux, Liborius, C. Frænkel, etc.), l'oxyde de carbone, même en quantité notable, ne nuit pas à celui du vibrion septique, du charbon symptomatique et du bacillus butyricus (1). La virulence des cultures que nous avons obtenues à l'aide du gaz d'éclairage ne le cédait en rien à celles des cultures obtenues, soit à l'aide du vide, soit par l'emploi de tout autre gaz inerte.

Nous pensons donc que le procédé que nous indiquons ici mérite d'être conservé. L'emploi du vide, si facile à exposer dans un manuel technique, demande dans la pratique des manipulations assez compliquées, en particulier le scellage du tube au chalumeau.

D'autre part, notre appareil nous semble, comme facilité de maniement, valoir tous ceux des auteurs qui ont employé la substitution d'un gaz inerte à l'oxygène. Il permet, en outre, de préparer un certain nombre de tubes à l'avance, et, grâce à l'aiguille creuse, on peut examiner et resemer les cultures sans entrée d'air, ce qui n'avait pu être fait avant nous.

(1) Il n'en serait pas de même pour certaines espèces aérobies. D'après M. Percy Frankland (*Zeitschrift für Hygiene*, 1889, t. VI, p. 13), l'oxyde de carbone exerce une action nocive très prononcée sur le développement du bacillus pyocyaneus, du bacille du choléra et de la spirille de Finkler.

CONCLUSIONS

I. — L'appareil que nous avons décrit nous semble constituer un procédé commode pour la culture des anaérobies. Ce procédé, basé sur l'emploi exclusif du gaz d'éclairage, donne des résultats excellents pour tous les anaérobies pathogènes actuellement connus.

II. — L'emploi de l'aiguille tubulée que nous avons imaginée constitue un réel perfectionnement, permettant d'examiner un tube de culture à l'abri de l'air, sans contaminer ce tube, ni tuer les colonies qui s'y développent.

III. — Nous avons ainsi réussi à cultiver en milieux solides la bactérie du charbon symptomatique, et nous avons décrit le premier la forme et le caractère de ses colonies dans ces milieux solides.

INDEX BIBLIOGRAPHIQUE

Pasteur. — Animalcules infusoires vivant sans gaz oxygène libre et déterminant des fermentations.(*Comptes rendus de l'Académie des sciences*, 1861, t. LII, p. 344.)

— Sur les corpuscules organisés qui existent en suspension dans l'atmosphère. Examen de la doctrine des générations spontanées. (*Comptes rendus de l'Académie des sciences*, 1861, t. LII, p. 1142.)

— Expériences et vues nouvelles sur la nature des fermentations. (*Comptes rendus de l'Académie des sciences*, 1861, t. LII, p. 1260.)

— Nouvel exemple de fermentation déterminée par des animalcules infusoires, pouvant vivre sans gaz oxygène libre, et en dehors de tout contact avec l'air de l'atmosphère. (*Comptes rendus de l'Académie des sciences*, 1863, t. LVI, p. 416.)

— Examen du rôle attribué au gaz oxygène atmosphérique dans la destruction des matières animales et végétales après la mort. (*Comptes rendus de l'Académie des sciences*, 1863, t. LVI, p. 734.)

— Recherches sur la putréfaction. (*Comptes rendus de l'Académie des sciences*, 1863, t. LVI, p. 1189.)

— Etudes sur la bière et les fermentations, 1876.

Pasteur, Joubert et Chamberland. — La théorie des germes et ses applications à la médecine et à la chirurgie. (*Bulletin de l'Académie de médecine*, 2º série, 1878, t. VII, p. 432.)

Nencki. — (*Beiträge zur Biologie der Spaltpilze*, 1880.)

Hufner. — Ueber die Mœglichkeit der Ausscheidung von freien Stickgas bei der Verwesung stickstoffhaltiger organischer Materie. (*Journal für praktische Chemie. N. S. Vol. XIII.*)

Rosenbach. — Ueber einige fundamentale Fragen in der Lehre von den chirurgischen Wundinfectionskrankheiten. (*Deutsche Zeitschrift für Chirurgie*, Bd. XVI, p. 342.)

Br. Lachowicz et Nencki. — Die Anaërobiosefrage. (*Archiv. für die gesammte Physiologie*, 1884, Bd. XXXIII, p. 1.)

Hauser. — (*Ueber Fäulnissbacterien und deren Beziehungen zur Septicæmie. Leipzig* 1885, p. 50.)

Liborius. — Beiträge zur Kenntniss des Sauerstoffbedürfnisses der Bacterien. (*Zeitschrift für Hygiene*, 1886, Bd. I, p. 115.)

Esmarch. — Ueber eine Modification des Koch'schen Plattenverfahrens zur Isolirung und zum quantitativen Nachweis von Mikroorganismen. (*Zeitschrift für Hygiene*, 1886, Bd. I, p. 293.)

Roux. — Sur la culture des microbes anaérobies. (*Annales de l'Institut Pasteur*, 1887, n° 2, p. 49.)

— De la culture sur pomme de terre. (*Annales de l'Institut Pasteur*, 1888, n° 1, p. 28.)

Gruber. — Eine Methode der Cultur anaërobischer Bacterien. (*Centralblatt für Bakteriologie und Parasitenkunde*, 1887, Bd. I, n° 12, p. 367.)

Nocard et Roux. — Sur la récupération et l'augmentation de la virulence de la bactérie du charbon symptomatique. (*Annales de l'Institut Pasteur*, 1887, n° 6, p. 257.)

W. Vignal. — Sur un moyen d'isolation et de culture des microbes anaérobies. (*Annales de l'Institut Pasteur*, 1887, n° 7, p. 358.)

C. Fraenkel. — Ueber die Kultur anaërober Mikroorganismen. (*Centralblatt für Bakteriologie und Parasitenkunde*, 1888, Bd. III, n° 24, p. 763.)

H. Buchner. — Eine neue Methode zur Kultur anaërober Mikroorganismen. (*Centralblatt für Bakteriologie und Parasitenkunde* 1888, Bd. IV, n° 5, p. 149.)

R. Wurtz et A. Foureur. — Note sur un procédé facile de culture des micro-organismes anaérobies. (*Archives de médecine expérimentale et d'anatomie pathologique*, 1889, n° 4, p. 523.)

TABLE DES MATIÈRES

Vu : *le Doyen,*   Vu : *le Président de la thèse,*

P. BROUARDEL.   STRAUS.

Vu et permis d'imprimer :

Le Vice-Recteur de l'Académie de Paris,

GRÉARD.

Paris. — Imprimerie PAUL DUPONT, 4, rue du Bouloi. — 1286.7.89.

A LA MÊME LIBRAIRIE

Paris. — Soc. d'Imp Paul Dupont, 4, rue du Bouloi. (Cl.) 1286 *bis*,7,89.

www.ingramcontent.com/pod-product-compliance
Ingram Content Group UK Ltd.
Pitfield, Milton Keynes, MK11 3LW, UK
UKHW022352070726
13614UKWH00003B/1171